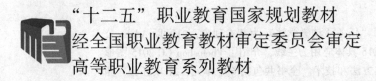

"十二五" 职业教育国家规划教材

经全国职业教育教材审定委员会审定

高等职业教育系列教材

Photoshop CC 图形图像
处理任务驱动式教程

第 3 版

主　编　吴建平

副主编　王雪蓉　汪婵婵

参　编　陈　勇　李月峰　程春梅　郑永爱

机械工业出版社

本书以推广应用"任务驱动教学法"为基本理念，内容以Adobe公司的Photoshop CC 2015具体应用为主线，介绍了Photoshop CC 2015图形图像处理的实际操作方法和技术。全书共包括6个单元，21项任务，涵盖了特效字制作、图片合成、图形制作、数码后期制作、包装设计实例和综合应用实例等内容。

本书目标明确，结构新颖，图文并茂，通俗易懂，具有很强的操作性和实用性，既可以用作高职高专院校"图形图像处理技术"类课程的教材，也可以作为广大平面设计人员及计算机图形图像处理学习者的参考书。

本书配有授课电子课件和素材，需要的教师可登录www.cmpedu.com免费注册、审核通过后下载，或联系编辑索取（QQ：1239258369，电话：010-88379739）。

图书在版编目（CIP）数据

Photoshop CC图形图像处理任务驱动式教程/吴建平主编．—3版．—北京：机械工业出版社，2017.6（2025.1重印）

"十二五"职业教育国家规划教材　高等职业教育系列教材

ISBN 978-7-111-56919-0

Ⅰ．①P…　Ⅱ．①吴…　Ⅲ．①图像处理软件–高等职业教育–教材　Ⅳ．①TP391.413

中国版本图书馆CIP数据核字（2017）第114340号

机械工业出版社（北京市百万庄大街22号　邮政编码100037）
策划编辑：鹿　征　　责任编辑：鹿　征
责任校对：张艳霞　　责任印制：邰　敏
北京富资园科技发展有限公司印刷

2025年1月第3版·第9次印刷
184mm×260mm·16.25印张·387千字
标准书号：ISBN 978-7-111-56919-0
定价：49.00元

电话服务　　　　　　　　　网络服务

客服电话：010-88361066　　机　工　官　网：www.cmpbook.com
　　　　　010-88379833　　机　工　官　博：weibo.com/cmp1952
　　　　　010-68326294　　金　书　网：www.golden-book.com
封底无防伪标均为盗版　　机工教育服务网：www.cmpedu.com

高等职业教育系列教材计算机专业

编委会成员名单

出版说明

党的二十大报告首次提出"加强教材建设和管理",表明了教材建设国家事权的重要属性,凸显了教材工作在党和国家事业发展全局中的重要地位,体现了以习近平同志为核心的党中央对教材工作的高度重视和对"尺寸课本、国之大者"的殷切期望。教材作为教育目标、理念、内容、方法、规律的集中体现,是教育教学的基本载体和关键支撑,是教育核心竞争力的重要体现。建设高质量教材体系,对于建设高质量教育体系而言,既是应有之义,也是重要基础和保障。为落实立德树人根本任务,发挥铸魂育人实效,机械工业出版社组织国内多所职业院校(其中大部分院校入选"双高"计划)的院校领导和骨干教师展开专业和课程建设研讨,以适应新时代职业教育发展要求和教学需求为目标,规划并出版了"高等职业教育系列教材"丛书。

该系列教材以岗位需求为导向,涵盖计算机、电子信息、自动化和机电类等专业,由院校和企业合作开发,由具有丰富教学经验和实践经验的"双师型"教师编写,并邀请专家审定大纲和审读书稿,致力于打造充分适应新时代职业教育教学模式、满足职业院校教学改革和专业建设需求、体现工学结合特点的精品化教材。

归纳起来,本系列教材具有以下特点:

1)充分体现规划性和系统性。系列教材由机械工业出版社发起,定期组织相关领域专家、院校领导、骨干教师和企业代表开展编委会年会和专业研讨会,在研究专业和课程建设的基础上,规划教材选题,审定教材大纲,组织人员编写,并经专家审核后出版。整个教材开发过程以质量为先,严谨高效,为建立高质量、高水平的专业教材体系奠定了基础。

2)工学结合,围绕学生职业技能设计教材内容和编写形式。基础课程教材在保持扎实理论基础的同时,增加实训、习题、知识拓展以及立体化配套资源;专业课程教材突出理论和实践相统一,注重以企业真实生产项目、典型工作任务、案例等为载体组织教学单元,采用项目导向、任务驱动等编写模式,强调实践性。

3)教材内容科学先进,教材编排展现力强。系列教材紧随技术和经济的发展而更新,及时将新知识、新技术、新工艺和新案例等引入教材;同时注重吸收最新的教学理念,并积极支持新专业的教材建设。教材编排注重图、文、表并茂,生动活泼,形式新颖;名称、名词、术语等均符合国家有关技术质量标准和规范。

4)注重立体化资源建设。系列教材针对部分课程特点,力求通过随书二维码等形式,将教学视频、仿真动画、案例拓展、习题试卷及解答等教学资源融入到教材中,使学生学习课上课下相结合,为高素质技能型人才的培养提供更多的教学手段。

由于我国高等职业教育改革和发展的速度很快,加之我们的水平和经验有限,因此在教材的编写和出版过程中难免出现疏漏。恳请使用本系列教材的师生及时向我们反馈相关信息,以利于我们今后不断提高教材的出版质量,为广大师生提供更多、更适用的教材。

机械工业出版社

前　言

本书根据当前高职院校课程建设和教材改革的新思路进行研究编写。教材内容力求体现计算机图形图像处理技术的新进展，侧重于介绍 Photoshop CC 2015 图形图像设计制作的实际操作方法、技术和基本设计思想。

本书遵循"任务驱动"的教学理念，以介绍 Photoshop CC 2015 图形图像处理的实际操作方法和技术为主线，包含了特效字制作、图片合成、图形制作、数码后期制作、包装设计实例、综合应用实例共 6 个单元。每一单元精编了若干实用性较强的实例，作为图像设计制作的工作任务，供读者操作演练。显然，这种编排方式能传递给读者这样一种感觉——本书介绍的都是非常实用的技术和非常有效的方法，易学易懂易掌握，能解决实际问题。

根据职业教育的特点，本书尽量避免单调地介绍理论、原理和功能等内容，而是把相关知识和技术自然地融入执行工作任务的操作之中，使读者在完成任务的过程中轻松掌握相关知识和技术。

党的二十大报告指出："育人的根本在于立德。全面贯彻党的教育方针，落实立德树人根本任务，培养德智体美劳全面发展的社会主义建设者和接班人。"为加快推进党的二十大精神进教材、进课堂、进头脑，本次修订加印在教材内容、教学资源、课堂组织形式等方面进行优化，力求更好地在图形图像设计与制作教学过程中融入思政育人元素。

全书结构合理，图文并茂，任务丰富，操作性强，既便于教师课堂讲授，又便于读者自学。另外，书中插入了大量的配套图片，以增强讲解的直观性，且便于微课制作及实施线上线下教学。

本书由苏州商博软件技术职业学院吴建平主编，浙江东方职业技术学院王雪蓉、浙江安防职业技术学院汪婵婵任副主编，苏州高博软件技术职业学院陈勇、李月峰、程春梅和郑永爱也参与了编写工作。具体分工为：吴建平编写了第 1 单元；吴建平、陈勇编写了第 2 单元；王雪蓉编写了第 3 单元；汪婵婵编写了第 4 单元；汪婵婵、李月峰编写了第 5 单元；王雪蓉、郑永爱和程春梅编写了第 6 单元。全书由吴建平统稿，苏州高博软件技术职业学院顾志刚教授主审。

本书在研究编写的过程中，苏州高博软件技术职业学院、浙江东方职业技术学院和浙江安防职业技术学院的领导给予了充分的关注和支持；温州市软件协会秘书长林伟文、浙江东经包装有限公司研发中心总监周明星等专家为本书的研究和编写提出了指导性意见，在此一并致谢。

由于编者水平有限，本书难免存在一些不足之处，恳请读者批评指正。

编　者

目　录

出版说明

前言

第 1 单元　特效字制作

任务 1　雕塑字制作 ………………………………………………………………… 2

　1.1　知识准备——初识 Photoshop CC 2015 …………………………………… 2

　　1.1.1　Photoshop CC 2015 入门及主要新增功能 …………………………… 2

　　1.1.2　熟悉工具箱 ……………………………………………………………… 3

　　1.1.3　Photoshop CC 2015 的基本操作 ……………………………………… 4

　　1.1.4　选区及其主要编辑方法 ………………………………………………… 6

　　1.1.5　文字工具及文字编辑 …………………………………………………… 9

　　1.1.6　斜面滤镜（BEVEL BOSS） …………………………………………… 12

　　1.1.7　常用图层样式 …………………………………………………………… 13

　1.2　实战演练——雕塑字制作实例 ……………………………………………… 14

　　1.2.1　用"斜面"滤镜制作雕塑字效果 ……………………………………… 15

　　1.2.2　用内置"斜面浮雕"图层样式制作雕塑字效果 ……………………… 16

　1.3　强化训练——制作雕塑字标题 ……………………………………………… 18

　　1.3.1　封面题字 ………………………………………………………………… 18

　　1.3.2　画龙点睛 ………………………………………………………………… 19

任务 2　图案字制作 …………………………………………………………………… 20

　2.1　知识准备——"粘贴入"与"发光"滤镜 ………………………………… 20

　　2.1.1　奇妙的"粘贴入" ……………………………………………………… 20

　　2.1.2　"发光"滤镜 …………………………………………………………… 21

　2.2　实战演练——图案字制作实例 ……………………………………………… 23

　　2.2.1　制作花样标题——春韵 ………………………………………………… 23

　　2.2.2　用鲜花题字——富贵吉祥 ……………………………………………… 25

　2.3　强化训练——图案字应用 …………………………………………………… 27

　　2.3.1　制作图案字"太阳花" …………………………………………………… 27

　　2.3.2　制作图案字"夏趣" …………………………………………………… 28

任务 3　黄金字制作 …………………………………………………………………… 30

　3.1　知识准备——通道与滤镜 …………………………………………………… 30

　　3.1.1　通道简介 ………………………………………………………………… 30

　　3.1.2　高斯模糊滤镜 …………………………………………………………… 32

　　3.1.3　曲线设置 ………………………………………………………………… 33

　　　　3.1.4　置换滤镜 ·· 33

　　3.2　实战演练——黄金字制作实例 ··· 35

　　　　3.2.1　创建文字通道 ··· 35

　　　　3.2.2　制作文字金属质感 ·· 35

　　　　3.2.3　使文字呈现黄金色泽 ··· 38

　　3.3　强化训练——用黄金字制作标题 ·· 40

　　　　3.3.1　用"黄金"打造祥瑞的标题文字 ·· 40

　　　　3.3.2　制作金质货币符号 ·· 40

任务4　火焰字制作 ·· 42

　　4.1　知识准备——图像颜色模式与内置滤镜 ····································· 42

　　　　4.1.1　图像颜色模式 ··· 42

　　　　4.1.2　几种内置滤镜 ··· 43

　　4.2　实战演练——火焰字制作实例 ··· 46

　　　　4.2.1　创建文件及文字选区 ··· 46

　　　　4.2.2　制作火焰形状 ··· 48

　　　　4.2.3　设置火焰颜色 ··· 50

　　4.3　强化训练——制作火焰字标题 ··· 53

　　单元小结 ··· 53

　　作业 ·· 54

第2单元　图片合成

任务5　设计制作常用卡片 ··· 56

　　5.1　知识准备——选区羽化与图层混合模式 ····································· 56

　　　　5.1.1　选区羽化 ·· 56

　　　　5.1.2　图层混合模式——柔光模式 ·· 57

　　5.2　实战演练——设计制作温馨贺卡 ·· 58

　　　　5.2.1　素材合成 ·· 58

　　　　5.2.2　设计制作标题 ··· 60

　　5.3　强化训练——设计制作会员卡和名片 ··· 62

　　　　5.3.1　设计制作VIP会员卡 ··· 62

　　　　5.3.2　设计制作"牡丹诗社"名片 ·· 64

任务6　设计制作宣传画 ··· 66

　　6.1　知识准备——外部斜面滤镜与HSB噪点滤镜 ······························ 66

　　　　6.1.1　外部斜面滤镜 ··· 66

　　　　6.1.2　HSB噪点滤镜 ··· 67

　　6.2　实战演练——设计制作购物节宣传画 ··· 68

　　　　6.2.1　设计外部斜面雕塑字 ··· 69

　　　　6.2.2　设计制作广告词 ··· 70

　　　　6.2.3　合成图片 ·· 72

6.3 强化训练——设计制作儿童摄影展宣传画 ···················· 75

任务7 设计制作风景图片 ·················· 77

7.1 知识准备——渐变填充与图层操作 ·················· 77

7.1.1 渐变填充 ·················· 77

7.1.2 图层复制与图层合并 ·················· 78

7.2 实战演练——设计制作"长江画廊" ·················· 80

7.2.1 设计制作主标题文字 ·················· 80

7.2.2 设计制作小画片 ·················· 83

7.3 强化训练——用图层混合模式合成画面 ·················· 85

任务8 设计制作车展招贴画 ·················· 86

8.1 知识准备——蒙版及其应用 ·················· 86

8.1.1 蒙版的创建与编辑 ·················· 86

8.1.2 蒙版的应用 ·················· 87

8.2 实战演练——设计制作"名车荟萃" ·················· 88

8.2.1 合成背景画面 ·················· 89

8.2.2 设计制作标题文字 ·················· 90

8.3 强化训练——用蒙版合成图片 ·················· 91

单元小结 ·················· 92

作业 ·················· 92

第3单元 图形制作

任务9 设计制作Logo ·················· 96

9.1 知识准备——形状工具 ·················· 96

9.1.1 Logo简介 ·················· 96

9.1.2 形状工具选项栏介绍及模式选择 ·················· 96

9.1.3 绘制规则图形 ·················· 98

9.1.4 绘制自定义图形 ·················· 98

9.2 实战演练——设计制作新春园艺博览会Logo ·················· 99

9.2.1 绘制Logo图形 ·················· 99

9.2.2 设置Logo图形的色彩 ·················· 101

9.2.3 添加Logo文字 ·················· 101

9.3 强化训练——设计制作旅行社Logo ·················· 102

任务10 设计制作蓝宝石项链 ·················· 105

10.1 知识准备——图层样式 ·················· 105

10.1.1 "图层样式"对话框 ·················· 105

10.1.2 更改既定的图层样式 ·················· 109

10.2 实战演练——蓝宝石项链制作实例 ·················· 109

10.2.1 绘制蓝宝石 ·················· 109

10.2.2 绘制挂钩 ·················· 111

10.2.3 绘制链条 ·· 112

10.3 强化训练——设计制作翡翠手镯 ·········· 114

任务 11 设计制作绿色环保灯泡 ························ 116

11.1 知识准备——光感效果处理 ·················· 116

11.1.1 渐变工具 ·· 116

11.1.2 颜色工具 ·· 118

11.1.3 高斯模糊滤镜 ···································· 119

11.1.4 钢笔工具 ·· 120

11.2 实战演练——绿色环保灯泡制作实例 ·········· 120

11.2.1 设计灯泡轮廓 ···································· 120

11.2.2 设计灯泡的发光效果 ··························· 123

11.2.3 设计灯泡阴影效果 ····························· 127

11.3 强化训练——设计制作水晶播放按钮 ·········· 128

单元小结 ·· 129

作业 ·· 129

第 4 单元 数码后期制作

任务 12 儿童写真制作 ······························ 132

12.1 知识准备——填充路径和描边路径 ·········· 132

12.1.1 填充路径 ·· 132

12.1.2 描边路径 ·· 132

12.2 实战演练——宝贝相册制作实例 ·············· 133

12.2.1 制作底图 ·· 134

12.2.2 导入宝宝图片 1 ································· 136

12.2.3 绘制花形 ·· 138

12.2.4 添加文字 ·· 139

12.2.5 制作泡泡 ·· 140

12.2.6 制作星星 ·· 141

12.2.7 导入宝宝图片 2 ································· 142

12.3 强化训练 ·· 143

12.3.1 意趣童年写真效果 ····························· 143

12.3.2 活力女孩写真效果 ····························· 145

任务 13 信封邮票制作 ······························ 146

13.1 知识准备——路径与选区的转换 ·············· 146

13.1.1 将路径转换为选区 ····························· 146

13.1.2 将选区转换为路径 ····························· 146

13.2 实战演练——童年信封制作实例 ·············· 146

13.2.1 制作邮票 ·· 147

13.2.2 制作信封 ·· 150

　　　13.2.3　贴上邮票、盖上邮戳 ·· 152

　13.3　强化训练 ·· 153

　　　13.3.1　制作中国邮政邮票效果 ··· 153

　　　13.3.2　制作童年信纸效果 ·· 153

任务14　婚纱写真制作 ·· 154

　14.1　知识准备——剪贴蒙版 ·· 154

　14.2　实战演练——花语清风制作实例 ··· 155

　　　14.2.1　制作底图 ··· 155

　　　14.2.2　导入人物 ··· 157

　　　14.2.3　整体修饰 ··· 160

　14.3　强化训练 ·· 162

　　　14.3.1　制作浓蜜情意婚纱照效果 ··· 162

　　　14.3.2　制作情定今生婚纱照效果 ··· 163

任务15　函件类图片制作 ·· 164

　15.1　知识准备——快速选择工具 ·· 164

　15.2　实战演练——公司活动邀请函制作实例 ·· 164

　　　15.2.1　制作邀请函封面 ·· 165

　　　15.2.2　制作邀请函内页 ·· 168

　15.3　强化训练 ·· 170

　　　15.3.1　设计制作结婚请柬 ·· 170

　　　15.3.2　设计制作新春联谊会邀请函 ··· 172

　单元小结 ··· 172

　作业 ··· 172

第5单元　包装设计实例

任务16　光盘封套制作 ·· 176

　16.1　知识准备——链接图层和图像透视 ··· 176

　　　16.1.1　链接图层 ··· 176

　　　16.1.2　图像透视 ··· 176

　16.2　实战演练——童谣精选光盘封面制作实例 ·· 177

　　　16.2.1　制作CD正面 ··· 177

　　　16.2.2　制作CD背面 ··· 181

　　　16.2.3　制作CD厚度 ··· 183

　　　16.2.4　制作CD包装平面图 ··· 183

　　　16.2.5　制作CD封面立体图 ··· 186

　16.3　强化训练 ·· 189

　　　16.3.1　设计制作"青春的喝彩"CD包装平面效果图 ······························ 189

　　　16.3.2　设计制作"贝贝服饰精品屋"手提袋 ·· 189

任务17　酒瓶瓶贴设计 ·· 191

17.1 知识准备——动作 ······ 191
    17.1.1 关于动作面板 ······ 191
    17.1.2 创建并使用动作 ······ 191
17.2 实战演练——皇城金牌葡萄酒包装设计制作实例 ······ 193
    17.2.1 制作底图 ······ 193
    17.2.2 编辑文字信息 ······ 197
17.3 强化训练 ······ 202
    17.3.1 设计麦清啤酒瓶贴 ······ 202
    17.3.2 设计五谷米酒瓶贴 ······ 203

任务18 图书装帧设计 ······ 204
18.1 知识准备——图层组 ······ 204
18.2 实战演练——漫画图书装帧设计制作实例 ······ 205
    18.2.1 制作图书平面图 ······ 206
    18.2.2 制作图书立体图 ······ 211
18.3 强化训练 ······ 213
    18.3.1 "科普丛书"装帧设计 ······ 213
    18.3.2 房产宣传册装帧设计 ······ 214
单元小结 ······ 214
作业 ······ 215

第6单元 综合应用实例

任务19 设计制作海报 ······ 218
19.1 知识准备——海报设计要点 ······ 218
    19.1.1 海报定义 ······ 218
    19.1.2 海报设计注意事项 ······ 218
    19.1.3 路径编辑 ······ 218
19.2 实战演练——音乐会海报制作实例 ······ 219
    19.2.1 设计海报背景 ······ 219
    19.2.2 设计海报文字 ······ 222
19.3 强化训练——设计制作园艺博览会宣传海报 ······ 223

任务20 设计制作户外广告 ······ 225
20.1 知识准备——户外广告设计要点 ······ 225
    20.1.1 户外广告定义 ······ 225
    20.1.2 户外广告分类 ······ 225
    20.1.3 户外广告设计注意事项 ······ 225
    20.1.4 水波滤镜 ······ 226
20.2 实战演练——旅游景区户外广告牌制作实例 ······ 226
    20.2.1 设计广告牌背景 ······ 227
    20.2.2 设计广告牌图片 ······ 228

    20.2.3　设计广告牌文字 ·· 232

　20.3　强化训练——设计制作体育用品商店招牌广告 ··············· 234

任务 21　设计制作展板 ··· 235

　21.1　知识准备——展板设计要点 ···································· 235

    21.1.1　展板设计原则 ·· 235

    21.1.2　展板设计注意事项 ·· 235

　21.2　实战演练——环保宣传展板设计制作实例 ···················· 236

    21.2.1　设计展板背景 ·· 236

    21.2.2　设计展板标题 ·· 241

    21.2.3　设计展板板块内容 ·· 242

　21.3　强化训练——设计制作安全教育展板 ························· 244

　单元小结 ··· 246

　作业 ··· 247

参考文献 ··· 248

第1单元

特效字制作

【职业能力目标与学习要求】

特效字在图像作品中可以起到画龙点睛的作用。通过本单元的学习，要求达到以下目标：

1）掌握 Photoshop CC 2015 的文字工具的基本功能。
2）能熟练设置文字的字体、字号、颜色、间距等主要属性。
3）掌握文字变形、图层样式等常用文字特效的设置方法。
4）掌握雕塑字、图案字等常用特效文字的制作方法和技巧。
5）能熟练设计制作图像作品的标题文字。

任务 1 雕塑字制作

1.1 知识准备——初识 Photoshop CC 2015

Photoshop 是 Adobe 公司旗下最著名的图像处理软件之一。它的第一个版本 Photoshop 1.0.7 于 1990 年 2 月正式发布。经过 20 多年的发展，Photoshop 已经升级至 CC 版本。本书以 Photoshop CC 2015 （Adobe Creative Cloud 2015） 中文版为平台，介绍常用的图像处理方法。

Adobe Photoshop CC 2015 是 Adobe 产品史上最大的一次升级，可以通过更直观的用户体验、更大的编辑自由度来提高用户的操作效率。因此，它是平面设计、Web 设计等行业从业人员的理想选择。

1.1.1 Photoshop CC 2015 入门及主要新增功能

要尝试 Photoshop CC 2015 强大的图像处理功能，首先要启动该软件进入其工作环境。

1. 启动 Photoshop CC 2015

在确保计算机已安装了 Photoshop CC 2015 的前提下，常用的启动方法有用鼠标双击桌面上的 Photoshop CC 2015 快捷图标、从 Windows 开始菜单上启动以及直接打开 Photoshop 文件等。以下主要讲解前两种启动方法。

（1）方法 1

用鼠标双击桌面上的 Photoshop CC 2015 快捷图标，即可启动该软件，如图 1-1 所示。

（2）方法 2

从 Windows "开始" 菜单上启动。用鼠标单击桌面左下角的██按钮，在弹出的 "开始" 菜单中选取 "程序" → "Adobe Photoshop CC 2015" 命令，即可启动该软件，如图 1-2 所示。

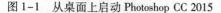
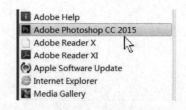

图 1-1 从桌面上启动 Photoshop CC 2015　　　图 1-2 从 "开始" 菜单中启动 Photoshop CC 2015

2. Photoshop CC 2015 界面介绍

启动 Photoshop CC 2015 后，即可进入图 1-3 所示的工作界面。从图中可见，其工作界面主要由菜单栏、选项栏、工作区、工具箱、调整面板和状态栏等组成。

菜单栏

选项栏

工具箱

工作区

状态栏

调整面板

图1-3　Photoshop CC 2015 工作界面

3. Photoshop CC 2015 主要新增功能

Photoshop CC 2015 的界面与功能的结合更加趋于完美，各种命令与功能得到了充分扩展，最大限度地为用户的操作提供了简捷、有效的途径。Photoshop CC 2015 还增加了多画板支持、新设计空间以及 Adobe 图库等重要的新功能。

（1）多画板支持

Photoshop CC 2015 的重要功能更新就是对多画板的支持。以往的版本因为不支持多画板，即使设计师使用双显示器，也只能在一个画板中作图。从现在开始，多画板支持能大大方便使用 Photoshop 的专业设计师的需求。具体操作方法将在本书相关任务中进行介绍。

（2）新设计空间

Photoshop CC 2015 的设计空间是完全为网页和 UI 设计而打造的专属功能。当用户开启"PS 设计空间"模式后，Photoshop 界面中与 UI/Web 设计无关的功能会被隐藏（比如 3D 工具等），用户可以在 UI 设计专属的操作界面中更方便和专注地完成专项设计，从而提高工作效率。

（3）Adobe 图库

图库是独立设计师、大型设计机构非常重要的素材必备。现在，Adobe 收购了图库素材供应商 Fotolia，Adobe 也有了多达 4 千万图片的库存。这个庞大的素材库借 Photoshop CC 2015 的推出，作为在线服务而盛装出场。

用户设计网页和 APP 的时候，可以直接调用和处理 Adobe 图库中低分辨率带水印的图片。在确定设计方案之后，可以再以内购的方式购买高清无码版本的图片素材。

1.1.2　熟悉工具箱

Photoshop CC 2015 的工具箱包含常用工具，如选框工具、移动工具等。工具箱中每一个按钮都代表一个工具或者选项，使用鼠标单击要选取的工具，按钮呈高亮按下状态，即表示已经选中了该工具或者选项。图1-4a 列出了 Photoshop CC 2015 工具箱中主要工具的图标和名称。其中，各工具的作用将在应用过程中进行相应的介绍。

如果工具按钮右下方有一个三角符号，则表示该工具还有弹出式的工具，持续选中工具则会出现一个工具组。图1-4b 所示为持续选中形状工具时弹出的该工具组。

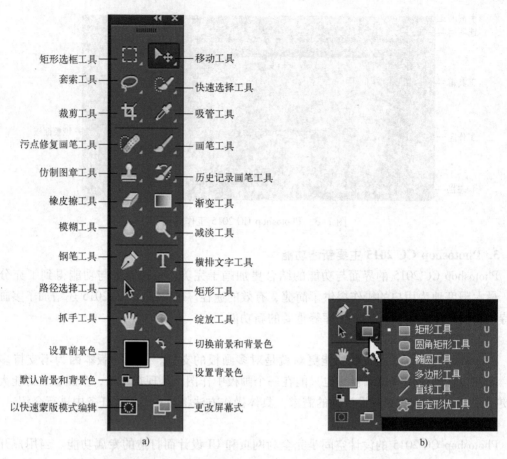

矩形选框工具 —— 移动工具

套索工具 —— 快速选择工具

裁剪工具 —— 吸管工具

污点修复画笔工具 —— 画笔工具

仿制图章工具 —— 历史记录画笔工具

橡皮擦工具 —— 渐变工具

模糊工具 —— 减淡工具

钢笔工具 —— 横排文字工具

路径选择工具 —— 矩形工具

抓手工具 —— 绽放工具

设置前景色 —— 切换前景和背景色

默认前景和背景色 —— 设置背景色

以快速蒙版模式编辑 —— 更改屏幕式

a)

	T		
		矩形工具	U
		圆角矩形工具	U
		椭圆工具	U
		多边形工具	U
		直线工具	U
		自定形状工具	U

b)

图 1-4　Photoshop CC 2015 工具箱中主要工具的图标和名称及其工具组

a）Photoshop CC 2015 的工具箱　b）选中弹出形状工具组

1.1.3　Photoshop CC 2015 的基本操作

新建、打开和存储图像文件如下所述。

1）要在 Photoshop CC 2015 中创建一个新的图像文件，可按以下步骤操作。

①选择"文件"→"新建"命令，弹出"新建"对话框，如图 1-5 所示。

②在"名称"中输入新建图像的名称，也可以等到编辑完成后，保存文件时再进行命名。

③"宽度"和"高度"是指图像的大小尺寸，打开下拉菜单，可以看到其单位有：像素、英寸、厘米、毫米、点、派卡、列等，如图 1-6 所示。

④"分辨率"是指计算机的屏幕所能呈现的图像的最高品质，一般 PC 屏幕的分辨率为72 像素/英寸。

⑤颜色模式"可以设置图像的色彩模式，有位图、灰度、RGB 颜色、CMYK 颜色和Lab 颜色等。

⑥"背景内容"用来控制文件的背景颜色，可以将背景颜色设为白色、背景色或者透明。

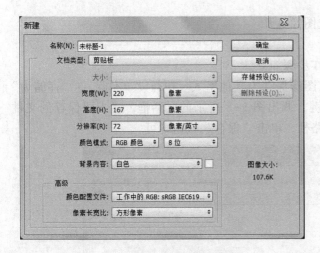

图 1-5 "新建"图像文件对话框　　　　　　　　　　　图 1-6 设置图像尺寸单位

⑦"图像大小"显示文件所占磁盘空间,单击"确定"按钮,即完成新建图像。

2)要在 Photoshop CC 2015 中打开一个原来已有的图像文件,操作步骤如下。

① 选择"文件"→"打开"命令,或用鼠标双击操作窗口,即弹出"打开"对话框,如图 1-7 所示。

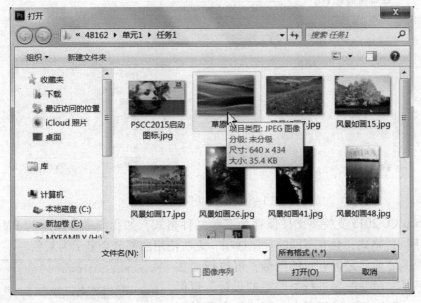

图 1-7 "打开"对话框

②"文件类型"默认情况下为"所有格式",可从下拉菜单中选择需要的某种文件格式,则该目录中只会出现相应格式的文件。

③ 在目录空白处,单击鼠标右键,可选择不同查看方式:缩略图、平铺、图标、列表和详细信息等。

④ 用鼠标单击要打开的文件,可在对话框下方预览图片及大小,若同时打开多个文件,可按住〈Ctrl〉键,然后用鼠标进行选取,若要选取多个连续的文件,可以按住〈Shift〉键,再用鼠标进行选取,使用〈Ctrl + A〉组合键可选中所有文件。

⑤ 单击"确定"按钮,即可将所选图像打开。

3)保存图像文件。

图像编辑完成后,要保存图像,操作步骤如下。

① 未被保存过的新建图像或将当前图像保存为其他格式。执行"文件"→"存储为"命令,或直接按〈Ctrl + Shift + S〉组合键,调出图 1-8 所示的对话框。输入要保存的文件名,通过下拉菜单选择文件格式及保存路径,单击"保存"按钮即可。

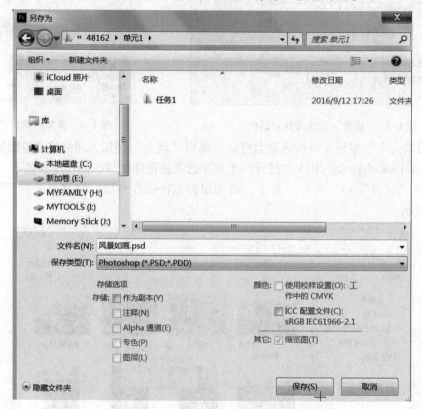

图 1-8 "存储为"对话框

Photoshop CC 2015 支持将文件保存为多种文件格式,如我们最常用到的 BMP、GIF 和 JPEG 等。不同的格式,会有不同的存储选项,无法使用的部分会显示为灰色。

② 如果是之前已经保存过的图像,可执行"文件"→"保存"命令保存进行修改后的设计,也可使用组合键〈Ctrl + S〉进行保存,图片将会覆盖原来存储的文件。

图 1-9 "未保存修改的警告"对话框

③ 关闭 Photoshop CC 2015 时,若图像的编辑操作尚未保存,系统会提示是否保存对当前文件的修改,如图 1-9 所示。选择"是",按以上方法进行保存。

1.1.4 选区及其主要编辑方法

在使用 Photoshop CC 2015 设计和处理图像的过程中,我们会用到某些需要调整的特定

6

区域，这就是选区。选区有规则形状和任意形状之分，图1-10所示为规则形状选区，而图1-11所示为不规则形状的文字选区。

图1-10　规则形状选区　　　　　　　　图1-11　不规则形状的文字选区

Photoshop CC 2015有多种创建选区的途径和编辑选区的功能，以下先介绍专门用于创建选区的选区工具和几个常用的编辑选区的命令。

1. 选区工具

Photoshop CC 2015提供了3种选区工具：选框工具、套索工具、魔棒工具，用来在图像中创建选区。

（1）选框工具

图1-12所示为选框工具。选框工具用来产生规则的选择区域，包括矩形选框工具、椭圆选框工具、单行选框工具和单列选框工具。

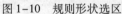

图1-12　选框工具

图1-13所示的一组图片，为分别用不同选框工具创建的选区。

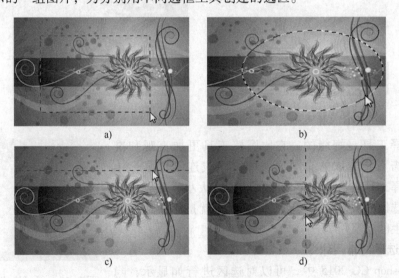

图1-13　用不同选框工具创建的选区

a）矩形选区　b）椭圆选区　c）单行选区　d）单列选区

（2）套索工具

图1-14所示为套索工具，包括自由套索工具、多边形套索工具和磁性套索工具。自由

7

套索工具用来产生任意形状的选择区域。多边形套索工具可产生直线型的多边形选区。磁性套索工具可自动跟踪图像中物体的边缘形成选择区域。图 1-15 所示的一组图片，为分别用不同套索工具创建的选区。

图 1-14　套索工具

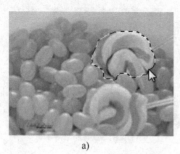

a)　　　　　　　　　　　　　b)　　　　　　　　　　　　　c)

图 1-15　用不同套索工具创建的形状的选区
a) 自由套索创建的选区　b) 多边形套索创建的选区　c) 磁性套索创建的选区

（3）魔棒工具

魔棒工具名称的由来是因为它具有魔术般的奇妙作用，如图 1-16 所示。魔棒工具包括魔棒工具和快速选择工具。在 Photoshop CC 2015 中使用魔棒工具创建选区的原理与选框工具和套索工具不同。魔棒工具是根据在图像窗口中单击处的颜色范围来创建选区的，图 1-17中间的选区就是用魔棒工具单击产生的。

图 1-16　魔棒工具　　　　　　　　图 1-17　用魔棒单击产生选区

快速选择工具是智能的，它比魔棒工具更加直观和准确。用户只需在要选取的整个区域中涂画或连续用鼠标单击，快速选择工具会自动调整所涂画的选区大小，并寻找到边缘使其与选区分离。图 1-18 中间的选区就是用快速选择工具单击产生的。

图 1-18　用"快速选择工具"单击产生选区

2. 编辑选区的常用命令

在 Photoshop CC 2015 中，可以对选区进行如显示、隐藏、删除和反选等操作。这些看似简单的命令在实际工作中却是最常用的，灵活运用并熟练掌握这些命令的使用方法及操作技巧，可以大大提高工作效率和选区的编辑质量。具体命令快捷键及功能如表 1-1 所示。

表 1-1 选区常用编辑命令功能表

菜 单 命 令	组 合 键	功 能
"选择"→"全选"	Ctrl + A	执行该命令可以创建基于整幅图像的选区
"选择"→"取消选择"	Ctrl + D	执行该命令可以删除在图像中创建的所有选区
"选择"→"重新选择"	Shift + Ctrl + D	执行该命令可以恢复上一次删除的选区
"选择"→"反选"	Shift + Ctrl + I	执行该命令可以将图像中选区以外的区域转换为选择区域

在编辑图像时灵活利用"反选"命令，可以使创建复杂
选区的工作变得相当简单。例如，在图 1-19 中，要编辑和修
饰图像中的人物，无论使用哪种选区工具都很难创建精确的
选区。但是从该图中可以看出，图像人物以外的背景色彩比
较单调，利用魔棒工具可以很轻松地将背景中的颜色全部选
中，如图 1-20 所示。然后按下组合键〈Shift + Ctrl + I〉，执
行"反选"命令，即可得到图 1-21 所示的人物选区。

图 1-19　素材图片

图 1-20　选取背景区域

图 1-21　执行反选命令获得人物选区

1.1.5　文字工具及文字编辑

Photoshop CC 2015 工具箱中提供了 4 种文字工具：横排文字工
具 T、直排文字工具 T、横排文字蒙版工具 和直排文字蒙版工具
，如图 1-22 所示。选取文字工具，工具选项中会显示出相应的文
字工具属性栏，如图 1-23 所示。

图 1-22　文字工具组

图 1-23　文字工具属性栏

使用文字工具输入文字时，可以在文字工具属性栏中设置好文字的字体、字号、颜色和
形状等。

1. 创建文字

（1）横排文字输入

用鼠标单击文字工具，选择横排文字工具 T，在图像中用鼠标单击，出现输入光标后
即可输入文字，如图 1-24 所示。

完成文字输入后，用鼠标单击其他工具，退出文字编辑状态，确认文字输入；按

9

〈Esc〉键即可取消当前文字输入。

Photoshop CC 2015 将文字以独立图层形式存放，输入文字后，会自动建立一个文字图层，图层名称就是文字内容。文字图层具有与普通图层一样的性质，如图层混合模式、图层样式、不透明度等。

（2）直排文字输入

用鼠标单击文字工具，选择直排文字工具 ，便可输入直排文字，如图1-25所示。

图1-24　横排文字输入　　　　　　　　图1-25　直排文字输入

（3）创建横排文字选区

用鼠标单击文字工具，选择横排文字蒙版工具 ，在图像中用鼠标单击，Photoshop CC 2015 将产生一个红色的蒙版区域和输入光标，此时可输入文字，并可通过单击或拖拉的方式移动文字，如图1-26所示。

用户在输入文字后，用鼠标单击其他工具，退出文字蒙版编辑状态，在图像编辑窗口中生成以文字形状创建的横排文字选区，如图1-27所示。

图1-26　横排文字蒙版实例　　　　　　图1-27　创建横排文字选区

（4）创建直排文字选区

用鼠标单击文字工具，选择直排文字蒙版工具 ，在图像中用鼠标单击，在 Photoshop CC 2015 产生的红色的蒙版区域中输入的文字，将以直排形式出现，如图1-28所示。

用鼠标单击其他工具，退出文字蒙版编辑状态，在图像编辑窗口中生成以文字形状创建的直排文字选区，如图1-29所示。

图1-28 直排文字蒙版实例　　　　　　　图1-29 创建直排文字选区

2. 文字图层的栅格化

用文字工具在图像中输入横排文字或者直排文字时，都会自动生成一个新的文字图层，可以随时利用文字工具编辑文字图层中的文字。但是，要对文字进行填充或施加滤镜效果，还应先将文字图层转换成普通图层，这就是文字图层的栅格化。具体方法是：在文字图层上用鼠标右键单击，选择"栅格化文字"即可，如图1-30所示。

3. 文字编辑

文字的运用是图像设计中的一个重要内容。Photoshop CC 2015提供了字符、段落设置与变形等丰富的文字编辑功能，正确运用这些功能对标题文字进行修饰，可以起到画龙点睛的效果。

（1）设置字符

用鼠标单击文字工具属性栏上的 📋，调出"字符/段落"面板，如图1-31所示。在"字符/段落"面板中，可以对文字的字符和段落属性进行设置，包括设置文字的字体、字号、颜色、字间距和行间距等属性。

图1-30 文字图层的栅格化　　　　　　图1-31 "字符/段落"面板

11

选中要设置的字符，单击可以设置字符间的字间距；单击 T 100%，可以设置字符水平缩放比例；单击 IT 100%，可以设置垂直缩放比例；单击 自动，可以设置字符的行间距；而单击 颜色 ，则可以设置字符颜色。

（2）设置段落

单击图 1-31 中所示的"段落"选项卡，即切换到图 1-32 所示的"段落"面板，可以对文本的段落进行设置。其中可以设置文本的对齐方式。 和分别设置左、右缩进， 设置首行缩进。 和分别表示段前、段后增加空格。

图 1-32 "段落"面板

1.1.6 斜面滤镜（BEVEL BOSS）

Eye Candy 4000 是 AlienSkin 公司出口的一组极为强大的经典 Photoshop 外挂滤镜。其功能千变万化，拥有极为丰富的特效，如反相、水迹、铬合金、闪耀、发光、星星和斜视等多个特效滤镜。

常用的 Eye Candy 4000 就包含在其中。而 BEVEL BOSS 滤镜又是 Eye Candy 4000 内置滤镜之一，可以译为"斜面"滤镜。它可生成各种样式的斜面或雕刻外形，可使任何形状的选区产生浮雕凸起效果，这种效果既可以在选区内部，也可以在选区外部。例如，用 BEVEL BOSS 滤镜将图 1-33 所示的素材图片中的平面镜框处理成浮雕凸起效果，具体步骤如下。

1）用魔棒工具选中图中的透明区域，然后按下〈Shift + Ctrl + I〉组合键，执行反选命令，把镜框变成选区，如图 1-34 所示。

图 1-33 素材图片中的平面镜框

图 1-34 镜框选区

2）执行"滤镜"→"Eye Candy 4000"→"斜面"命令，如图 1-35 所示。随即弹出"斜面"对话框，设置相关参数和预览效果如图 1-36 所示。

3）单击"确定"按钮，退出"斜面"滤镜的操作界面，按〈Ctrl + D〉组合键，取消选区，即得到图 1-37 所示的浮雕镜框效果。

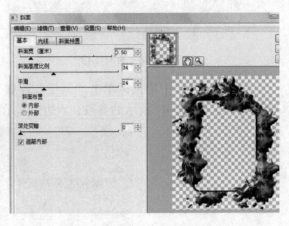

图 1-35　调用"斜面"滤镜的菜单　　　　　　　图 1-36　"斜面"滤镜参数设置

图 1-37　浮雕镜框效果

1.1.7　常用图层样式

为了使设计者在图像处理过程中收到更加理想的效果，Photoshop CC 2015 提供了丰富的图层样式功能，如投影、发光和斜面浮雕等。其中，斜面和浮雕（Bevel and Emboss）是最复杂的成员之一，它包括内斜面、外斜面、浮雕、枕形浮雕和描边浮雕，虽然每一项中包含的设置选项都相同，但是制作出来的效果却大相径庭。这里先介绍"斜面和浮雕"的一般用法。

打开素材图像文件，如图 1-38 所示，在图层面板上选取六边形图层为当前图层，然后用鼠标单击该面板下方的"添加图层样式"按钮，具体方法如图 1-39 所示。

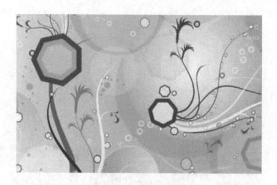

图 1-38　素材图像

图 1-39　"添加图层样式"按钮

在调出的菜单中用鼠标单击"斜面和浮雕",如图 1-40 所示。随即弹出"图层样式"对话框。设置图 1-41 所示的参数,六边形显示出浮雕效果,如图 1-42 所示。

图 1-40　选取
"斜面和浮雕"样式

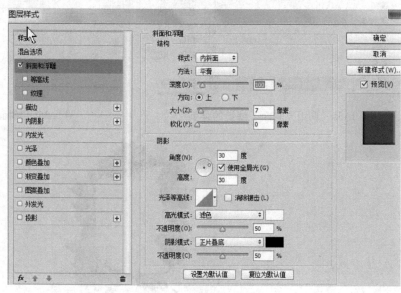

图 1-41　"图层样式"对话框

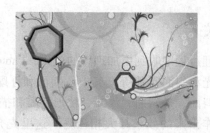

图 1-42　经"斜面和浮雕"处理后的六边形

1.2　实战演练——雕塑字制作实例

本节将介绍两种制作雕塑字的方法,训练学生初步尝试综合运用文字工具、"斜面"

14

（BEVEL BOSS）滤镜和"斜面和浮雕"图层样式等功能，设计制作雕塑字。

1.2.1 用"斜面"滤镜制作雕塑字效果

1. 使用素材

该实例主要采用图1-43所示的素材图片。

2. 制作方法

在本实例制作过程中，主要应用"滤镜""Eye Candy 4000"
"斜面"滤镜（BEVEL BOSS）命令，对图1-43中的文字设置滤
镜特效，使其成为立体雕塑字。

1）要将文字图层栅格化，使其转换成普通图层，在文字图层
"风华正茂"上用鼠标右键单击，选中"栅格化文字"，使该文字
图层栅格化。具体操作如图1-44所示。栅格化后的图层效果如
图1-45所示。

图1-43 有文字
图层的素材图片

图1-44 文字图层栅格化　　　　　图1-45 栅格化后的图层效果

2）用鼠标单击图层面板上文字所在图层的图标，选中文字。

3）用鼠标单击"滤镜"→"Eye Candy 4000"→"斜面"，设置图1-46所示的参数，
并单击"确定"按钮。

4）按〈Ctrl + D〉组合键，取消文字选区，即可得到图1-47所示的立体雕塑字效果。

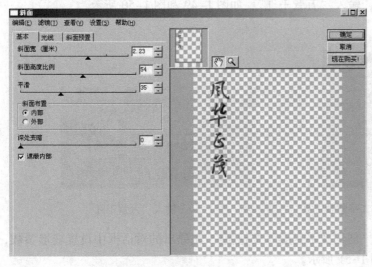

图1-46 Eye Candy 4000 内斜面滤镜参数　　　　　图1-47 立体雕塑字效果

1.2.2 用内置"斜面浮雕"图层样式制作雕塑字效果

1. 使用素材

该实例主要采用图1-48所示的素材图片。

图1-48 实例素材图片

2. 制作方法

在本实例制作过程中，主要应用"横排文字蒙版工具""创建文字变形""图层样式""斜面和浮雕"等功能。

1）打开图1-48所示的素材图像文件，新建一个图层，用鼠标单击"横排文字蒙版工具"，设置文字的字体和字号，输入"万紫千红"，如图1-49和图1-50所示。

图1-49 单选横排文字蒙版工具　　　　图1-50 输入"万紫千红"

2）在工具选项栏上单击"创建文字变形"按钮，在弹出的对话框中设置变形参数，文字随即产生变形效果，如图1-51所示。

3）用鼠标单击工具箱上的移动工具，退出文字蒙版，在图像上出现波浪形的文字选区，如图1-52所示。

图1-51　创建文字变形　　　　　　　　　　图1-52　波浪形文字选区

4）在工具箱上选取渐变工具，并在该工具的选项栏上单击"线性渐变"按钮，如图1-53所示。

a)

b)

图1-53　选取"渐变工具"并单击"线性渐变"按钮
a）单击"渐变工具"　　b）线性渐变

然后，单击"渐变编辑"按钮，在弹出的渐变选项面板中选择"透明彩虹渐变"，如图1-54所示。

5）从文字选区的右下角至左上角拉一条直线，对该文字进行"透明彩虹渐变"填充，产生一种彩虹字效果，如图1-55所示。

图1-54　选择"透明彩虹渐变"

a)

b)

图1-55　透明彩虹渐变填充及其效果
a）"透明彩虹渐变"填充　b）"透明彩虹渐变"填充效果

6）按〈Ctrl + D〉组合键取消文字选区，在图层面板下方单击"添加图层样式"按钮，在弹出的菜单中选择"斜面和浮雕"命令，具体操作如图1-56所示。

a)　　　　　　　　　　　　　　b)

图1-56　单击"添加图层样式"按钮及选择"斜面和浮雕"命令
a）单击"添加图层样式"　b）选择"斜面和浮雕"

接着，在弹出的"图层样式"对话框中设置斜面和浮雕的参数，使文字产生雕塑字效果，如图1-57和图1-58所示。

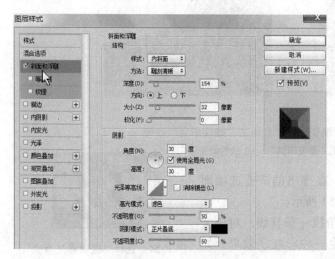

图1-57　设置斜面和浮雕的参数　　　　　图1-58　设置的雕塑字效果

1.3　强化训练——制作雕塑字标题

1.3.1　封面题字

应用以上介绍的知识和技能设计制作雕塑字，为图1-59所示的书籍封面加上书名文字，效果如图1-60所示。

图1-59 素材图片   图1-60 效果图

操作小提示：

1）如果用文字蒙版工具，在填充文字选区之前，必须新建一个图层。

2）如果用文字工具，在施加文字滤镜之前，必须先将文字图层进行栅格化处理。

1.3.2 画龙点睛

在图1-61所示的图片上，用图案字制作主题文字，要求完成的效果尽量与样本图1-62所示一致。

图1-61 素材图片   图1-62 样本图

操作小提示：

1）用横排文字蒙版创建文字，在退出文字蒙版之前，用文字变形的旗帜样式使文字发生波浪式扭曲。

2）用渐变工具的线性渐变对文字选区进行"透明彩虹渐变"填充。

任务 2　图案字制作

用选定的图案来填充文字选区，是一种常见的图案字制作方法，可以收到特殊的艺术效果。本任务将介绍综合运用 Photoshop CC 2015 的"横排文字蒙版""复制""粘贴入"及外挂滤镜 Eye Candy 4000 的"外部发光"等功能，设计制作图案字的方法。

2.1　知识准备——"粘贴入"与"发光"滤镜

2.1.1　奇妙的"粘贴入"

Photoshop CC 2015 的编辑菜单提供了"粘贴入"命令。这是一条与普通"粘贴"效果大相径庭的命令。通过以下操作实例，就可以体会到这一点。

1）打开图 2-1 所示的素材图片。用鼠标单击镜框中间白色区域，得到图 2-2 所示的选区，按下〈Delete〉键，删除选区中的白色像素，得到透明选区，如图 2-3 所示。

图 2-1　素材图片　　　　　　　　　　　　图 2-2　镜框选区

图 2-3　镜框透明选区

2）打开图 2-4 所示的儿童像素材图片，按下〈Ctrl + A〉组合键，全选整个画面，再按下〈Ctrl + C〉组合键进行复制。

3）切换到图 2-5 所示的图像，执行"编辑"→"粘贴入"命令，将儿童像粘贴进镜框选区中，在相应的图层面板上自动产生了一个儿童像新图层和图层蒙版，如图 2-6 所示。

图 2-4　素材图片

图 2-5　全选得到的选区

4）将鼠标指向图层蒙版缩览图标，用鼠标右键单击，调出图 2-7 所示的菜单，在"应用图层蒙版"上用鼠标左键单击，将该图层蒙版与儿童像图层合二为一，如图 2-8 所示。

图 2-6　"粘贴入"自动产生的新图层和图层蒙版

图 2-7　应用图层蒙版

这样，通过运用"粘贴入"命令，使两张图片十分自然地融合到一起。最终效果如图 2-9 所示。

图 2-8　应用图层蒙版后的图层面板

图 2-9　两张图片十分自然融合的效果

2.1.2　"发光"滤镜

Eye Candy 4000 的发光滤镜（CORONA）是通过调节大小、色彩、伸展、闪烁等参数来形成光晕、气流云团等天体效果。在文字特效制作中，也常常运用发光滤镜为文字描边。与Photoshop 的"编辑"→"描边"相比，发光滤镜描边效果较为朦胧和柔和。读者可以通过以下实例进行体会。

1）打开图 2-10 所示的素材图片，选中文字工具，设置文本颜色为蓝色，并设置合适的字体和字号，具体参数设置如图 2-11 所示。

图 2-10　素材图片　　　　　　　　　　　图 2-11　设置文字参数

2）在画面中输入"童谣"，并在相应的图层面板上对文字图层栅格化处理，使之转换为普通图层，如图 2-12 所示。

图 2-12　录入标题文字并栅格化处理

3）按图 2-13 所示的方法执行"滤镜"→"Eye Candy 4000"→"发光"命令，弹出"发光"滤镜参数设置对话框。在对话框中设置发光的参数。图 2-14 和图 2-15 所示为各项参数的参照值。

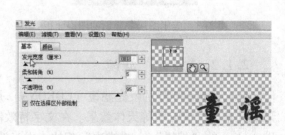

图 2-13　"滤镜"→　　　　　　　图 2-14　设置"发光"滤镜参数（1）
"Eye Candy 4000"→"发光"命令

22

在完成"发光"参数设置后，单击"确认"按钮，"童谣"四周被描上了金边，其效果如图 2-16 所示。

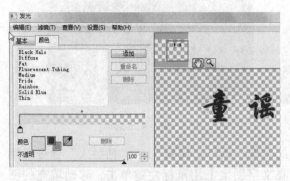

图 2-15　设置"发光"滤镜参数（2）　　　　　图 2-16　"童谣"四周的金边

2.2　实战演练——图案字制作实例

在本实例制作过程中，主要应用文字蒙版工具和"粘贴入""Eye Candy 4000"的"发光"滤镜（CORONA）等功能，设计制作图案标题文字。

2.2.1　制作花样标题——春韵

该实例主要采用图 2-17 所示的素材图片。

1）打开图 2-18 所示的素材图片作为背景图片。

图 2-17　素材图片　　　　　　　　　图 2-18　背景图片

2）单击横排文字蒙版工具，在背景图层上录入"春韵"二字。在文字属性面板上设置文字的字体、字号以及变形参数，并将其移至合适位置，单击 ✓ 确认，图像上出现文字选区，如图 2-19 所示。

3）打开图 2-17 所示的鲜花图像，用矩形选取工具在花朵浓密处选取一个矩形区域，如图 2-20 所示，并按〈Ctrl + C〉组合键复制。

图 2-19　文字选区

图 2-20　矩形选区

4）切换到图 2-19 所示的文字选区所在的图像，执行"编辑"→"粘贴入"命令，用鲜花图案填充文字选区，从而形成图案字。在文字图案上用鼠标左键单击，移动填充的图案，以得到最佳填充效果，如图 2-21 所示。

5）在执行"粘贴入"命令时，会自动产生一个带蒙版的图层，如图 2-22 所示。在蒙版图标上用鼠标右键单击，在弹出的快捷菜单中用鼠标单击"应用图层蒙版"，使图层蒙版与鲜花图层融为一体成为图层 1，分别如图 2-23 和图 2-24 所示。

图 2-21　图案字效果

图 2-22　带蒙版的图层

图 2-23　应用图层蒙版

图 2-24　应用图层蒙版之后的效果

6）将图层 1 设为当前图层，按图 2-25 所示的方法，执行"滤镜"→"Eye Candy 4000"→"发光"命令，用光晕效果为标题文字加上光环，参数如图 2-26 所示。图案字最终效果如图 2-27 所示。

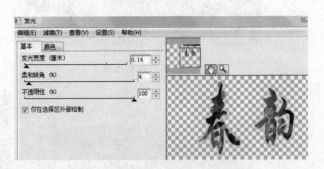

图 2-25　执行"滤镜"→
"Eye Candy 4000"→"发光"命令

图 2-26　设置"发光"参数

图 2-27　图案字最终效果图

2.2.2　用鲜花题字——富贵吉祥

该实例主要采用图 2-28 所示的素材图片。

1）打开图 2-28 所示的素材图片作为背景图片。

2）用鼠标单击横排文字蒙版工具，在背景图层上输入"富贵吉祥"。在文字属性面板上设置文字的字体、字号以及变形参数，并将其移至合适的位置，单击 ✔ 确认，图像上出现文字选区，如图 2-30 所示。

3）打开图 2-29 所示的鲜花图像，按〈Ctrl + A〉组合键全选鲜花，得到一个矩形选区，如图 2-31 所示，并按〈Ctrl + C〉组合键复制。

4）切换到图 2-30 所示的文字选区所在的图层，执行"编辑"→"粘贴入"命令，用鲜花图案填充文字选区，从而形成图案字。在文字图案上用鼠标左键单击，移动填充的图案，以得到最佳填充效果，并在自动产生的蒙版上执行"应用图层蒙版"，效果如图 2-32 所示。

图 2-28　素材图片 1

图 2-29　素材图片 2

图 2-30　文字选区

图 2-31　矩形鲜花选区

图 2-32　贴入鲜花

5）按图 2-25 所示的方法，对图案字执行"滤镜"→"Eye Candy 4000"→"发光"命令，用光晕效果为标题文字加上光环，参数如图 2-33 和图 2-34 所示。

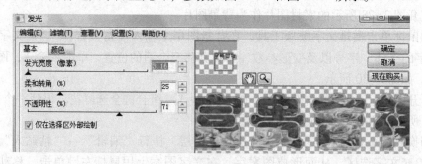

图 2-33　发光参数（1）

6）参照图 2-35 所示的参数，为图案字设置投影效果，图案字最终效果如图 2-36 所示。

26

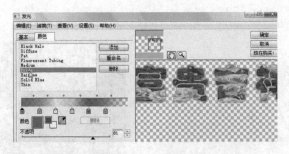

图 2-34 发光参数 (2)

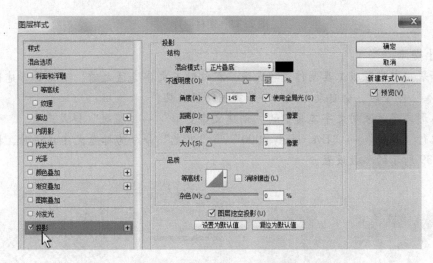

图 2-35 为图案字设置投影效果

图 2-36 图案字最终效果图

2.3 强化训练——图案字应用

2.3.1 制作图案字"太阳花"

应用以上介绍的图案字制作方法，为图 2-37 所示的图片加上标题文字，效果如图 2-38

所示。

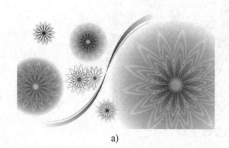

a) b)

图 2-37 素材图片

操作小提示：

1）如果用文字蒙版工具制作文字选区，在粘贴入文字选区之前，不需要新建图层，执行"粘贴入"命令时，会自动生成一个带蒙版的新图层。

2）弧形文字效果用文字工具中的"创建文字变形"→"花冠"样式产生。

3）执行"滤镜"→"Eye Candy 4000"→"发光"命令为标题文字描边时，描边颜色参照图 2-39 所示的参数设置。

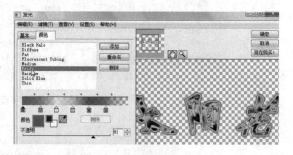

图 2-38　样本效果图　　　　　　　　　图 2-39　设置文字发光颜色

2.3.2　制作图案字"夏趣"

在图 2-42 所示的图片中，盛开的鲜花上蜜蜂嗡嗡、彩蝶翩翩，相映成趣，构成了夏天美丽的风景。应用上述知识和技术，采用图 2-40 和图 2-41 所示的素材图片，实现图 2-42 所示的效果。

图 2-40　素材图片（1）　　　　　　图 2-41　素材图片（2）

操作小提示：

1）在用图 2-41 所示的图片生成选区，对标题文字选区进行粘贴入时，要参照图 2-43 所示的方法，对粘贴入的内容进行旋转移动，用精美的部分填充文字。

图 2-42 样本效果图　　　　　　　　图 2-43 对粘贴入的内容进行旋转移动

2）执行"滤镜"→"Eye Candy 4000"→"发光"命令为标题文字描边时，描边颜色参照图 2-44 所示的参数设置。

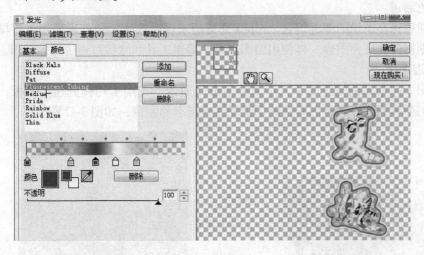

图 2-44 "滤镜"→"Eye Candy 4000"→"发光"颜色参数设置

任务3 黄金字制作

黄金是一种贵金属，由于它的稀少、特殊和珍贵，自古以来被视为五金之首，有"金属之王"的称号，因此具有黄金质感的文字也具有一种雍容华贵的气质。黄金字常常被用于珠宝广告以及价值昂贵的商品广告中。本任务主要介绍综合运用通道、高斯模糊滤镜、调整曲线、置换滤镜、羽化和色彩平衡等功能，设计制作黄金字的方法。

3.1 知识准备——通道与滤镜

3.1.1 通道简介

通道是存储不同类型信息的灰度图像。在 Photoshop 中，通道可以分为颜色通道、Alpha 通道和专色通道。

颜色通道保存图像的颜色信息，Alpha 通道用来保存选区，专色通道用来存储专色。我们可以像编辑其他任何图像一样使用绘图工具、编辑工具和滤镜对通道进行编辑。

1. 通道面板

打开图 3-1 所示的鲜花图片，用鼠标单击"通道"选项卡切换到通道面板，其中列出了图像中的所有通道，通道内容缩略图显示在通道名称左侧，如图 3-2 所示。

图 3-1 鲜花图片

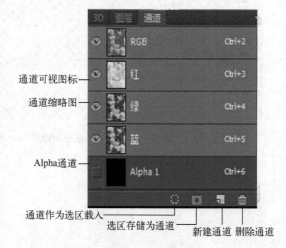

图 3-2 通道面板

2. 通道的基本操作

（1）新建通道

新建 Alpha 通道有以下两种方法。

● 用鼠标单击通道面板下方的"新建通道"按钮，可以新建一个 Alpha 通道。在默认情况下，Alpha 通道被依次命名为"Alpha 1""Alpha 2""Alpha 3"……

● 用鼠标单击通道面板右上角的倒三角图标，从弹出的快捷菜单中选择"新建通道"命令，此时会弹出一个对话框，如图 3-3 和图 3-4 所示。

图 3-3　新建通道快捷菜单

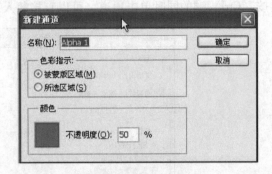

图 3-4　"新建通道"对话框

在图 3-4 所示的对话框中的主要选项的含义如下。

名称：用于设置新建通道的名称。默认名称为 Alpha1。

色彩指示：用于确认新建通道的颜色显示方式。如果用鼠标单击"被蒙版区域"，则新建通道中黑色区域代表蒙版区，白色区域代表保存的选区；如果用鼠标单击"所选区域"，则含义相反。

设置完毕后，单击"确定"按钮，即产生一个图 3-5 所示的 Alpha1 通道。

（2）将选区保存为通道

将选区保存为通道有以下两种方法。

● 单击通道面板下方的"选区存储为通道"按钮，即可将选区保存为通道。

● 执行菜单中的"选择"→"存储选区"命令，此时会弹出图 3-6 所示的对话框，单击"确定"按钮即可将选区保存为一个通道。

图 3-5　新建通道 Alpha1

图 3-6　"存储选区"对话框

（3）将通道作为选区载入

将通道作为选区载入有以下两种方法。

● 在通道面板中选择该 Alpha 通道，然后用鼠标单击通道面板下方的"通道作为选区载入"按钮，即可载入 Alpha 通道所保存的选区。

- 执行菜单中的"选择"→"载入选区"命令，弹出图3-7所示的"载入选区"对话框，用鼠标单击通道下拉列表，选择相应的通道，再单击"确定"按钮，也可载入Alpha通道所保存的选区。
- 按〈Ctrl〉键的同时单击通道，可以直接载入该通道所保存的选区。

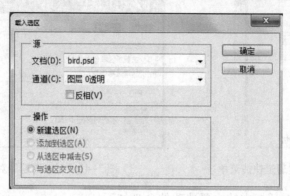

图3-7 "载入选区"对话框

3.1.2 高斯模糊滤镜

高斯模糊滤镜是直接根据高斯算法中的曲线调节像素的色值，控制模糊程度，造成难以辨认的浓厚的图像模糊。按图3-8所示，执行"滤镜"→"模糊"→"高斯模糊"命令，弹出图3-9所示的"高斯模糊"对话框，该对话框只包括"半径"一个控制参数，其取值范围是0.1~250。半径取值越大，模糊效果越明显。

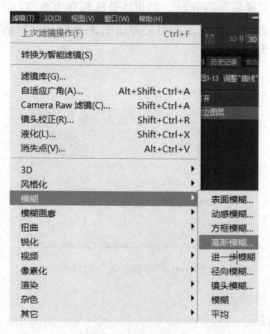

图3-8 滤镜菜单

图3-9 "高斯模糊"对话框

3.1.3 曲线设置

"曲线"命令是 Photoshop CC 2015 最基础、最常用的色彩调整命令之一。使用"曲线"命令可以调整图像的色调和颜色。

打开图 3-10 所示的小鸟图片，如图 3-11 所示。执行"图像"→"调整"→"曲线"命令，弹出图 3-12 所示的"曲线"对话框，调整曲线形状，图像的色调和颜色也随之发生变化。效果如图 3-13 所示。

图 3-10 小鸟图片

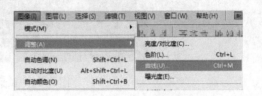

图 3-11 曲线菜单

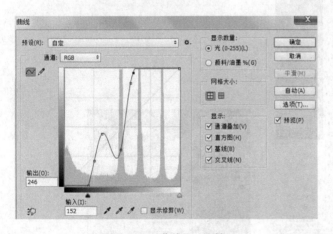

图 3-12 "曲线"对话框

图 3-13 调整"曲线"效果

3.1.4 置换滤镜

置换滤镜可以使图像产生位移，位移效果不仅取决于设定的参数，而且取决于位移图（即置换图）的选取。它会读取位移图中像素的色度数值来决定位移量，以处理当前图像中的各个像素，从而产生弯曲、碎裂的图像效果。"置换"对话框中的参数含义如下所述。

- 水平比例：滤镜根据位移图的颜色值将图像的像素在水平方向上移动。
- 垂直比例：滤镜根据位移图的颜色值将图像的像素在垂直方向上移动。
- 伸展以适合：为变换位移图的大小匹配图像的尺寸。
- 拼贴：将位移图重复覆盖在图像上。

- 折回：将图像中未变形的部分反卷到图像的对边。
- 重复边缘像素：将图像中未变形的部分分布到图像的边界上。

打开图 3-14 所示的风景图片，执行"滤镜"→"扭曲"→"置换"命令，弹出"置换"对话框，参照图 3-15b 中参数进行设置，单击"确定"按钮，在弹出的"选取置换图"窗口中用鼠标双击"置换图 .psd"，即可完成图像置换，置换效果如图 3-15d 所示。

图 3-14　风景图片

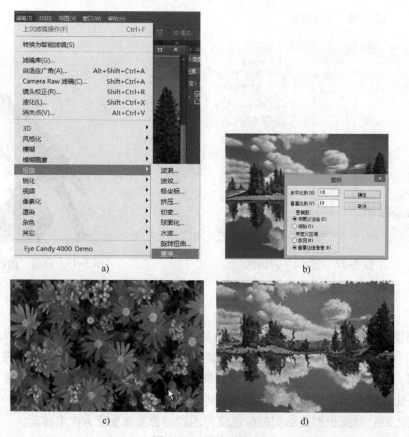

图 3-15　图片置换

a)"置换"菜单　b)"置换"对话框　c)置换图　d)置换效果

34

3.2 实战演练——黄金字制作实例

3.2.1 创建文字通道

本实例主要介绍综合运用 Photoshop CC 2015 的通道、高斯模糊滤镜、调整曲线、置换滤镜、羽化、色彩平衡等功能，设计制作黄金字的方法。具体步骤如下。

1）按〈Ctrl + N〉组合键新建一个文件，按图 3-16 所示设置文件的参数。

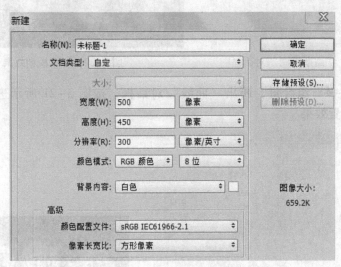

图 3-16　文件参数设置

2）在通道面板上新建一个通道 Alpha1，设置前景色为白色，选择横排文字工具，并设置适当字体和字号，输入文字"金碧辉煌"，如图 3-17 和图 3-18 所示。

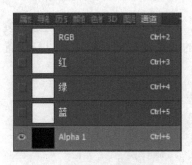

图 3-17　新建通道 Alpha1

图 3-18　在新通道上输入文字

3.2.2 制作文字金属质感

1）按〈Ctrl + D〉组合键取消文字选区。执行"滤镜"→"模糊"→"高斯模糊"命令，在弹出的对话框中设置图 3-19 所示的参数。单击"确定"按钮，即得到图 3-20 所示的效果。

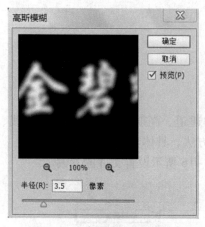

图3-19 "高斯模糊"对话框

图3-20 高斯模糊效果

2）按〈Ctrl + M〉组合键，调出"曲线"对话框，按图3-21所示进行参数的设置，图3-22所示为设置效果。

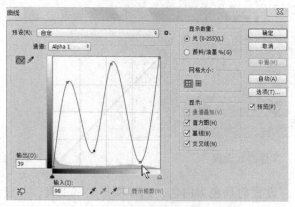

图3-21 "曲线"对话框

图3-22 曲线设置效果图

3）按〈Ctrl + A〉组合键对文字所在文件进行全选，再按〈Ctrl + C〉组合键进行复制。

4）按〈Ctrl + N〉组合键建立一个新文件，在弹出的"新建"对话框中可以只设置文件名，就直接单击"确定"按钮，如图3-23所示。

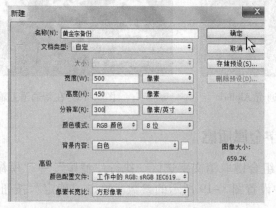

图3-23 "新建"对话框

5）在新建的文件中，按〈Ctrl + V〉组合键执行粘贴操作，结果如图 3-24 所示。接着保存和关闭该文件。（注意：最好与前一个文件保存在同一个文件夹中。）

6）激活前一个文件，按〈Ctrl + D〉组合键取消原来建立的选区。执行"滤镜"→"扭曲"→"置换"命令，如图 3-25 所示。

图 3-24　粘贴效果　　　　　图 3-25　调用"置换"滤镜菜单

7）在弹出的对话框中设置置换参数，如图 3-26a 所示。单击"确定"按钮，即弹出一个图 3-26b 所示的对话框。在该对话框中选择并打开第 5）步中保存的文件，即可得到图 3-26c 所示的效果。

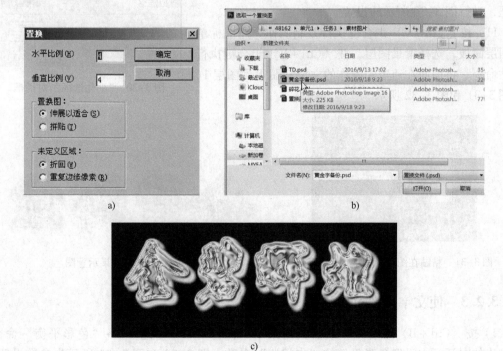

a)

b)

c)

图 3-26　置换

a)"置换"对话框　b)选择置换文件　c)置换效果

8）选择魔棒工具，设置其工具选项栏如图 3-27 所示。

图 3-27　魔棒工具选项栏

9）用魔棒工具在通道中文字以外的黑色区域单击以将其选中，如图 3-28 所示。按〈Shift + Ctrl + I〉组合键反选，得到图 3-29 所示的效果。

图 3-28　选中黑色区域

图 3-29　执行反选效果图

10）按〈Shift + F6〉组合键，调出"羽化选区"对话框，进行图 3-30 所示的设置。

11）按〈Ctrl + C〉组合键执行复制操作。用鼠标单击图层面板，选择背景图层，按〈Ctrl + V〉组合键执行粘贴命令，将前面在通道中制作的文字粘贴得到图层 1，如图 3-31 和图 3-32 所示。

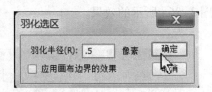

图 3-30　"羽化选区"对话框

图 3-31　粘贴在图层面板上产生图层 1

图 3-32　粘贴效果示意图

3.2.3　使文字呈现黄金色泽

1）按〈Ctrl + B〉组合键，或者调用菜单"图像"→"调整"→"色彩平衡"命令，在弹出的对话框中设置色彩平衡的"中间调"参数。图 3-33 和图 3-34 所示为参数设置及文字颜色变化效果图。

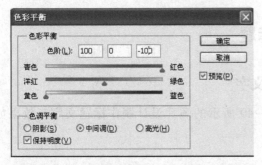

图 3-33　设置色彩平衡的"中间调"参数　　　　图 3-34　文字色泽变化效果图 1

　　2）再分别按两次〈Ctrl + B〉组合键，连续调用"图像"→"调整"→"色彩平衡"命令，在弹出的对话框中分别设置色彩平衡的"高光"和"阴影"参数，如图 3-35 ~ 图 3-38 所示。

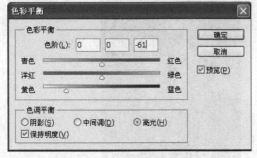

图 3-35　设置色彩平衡的"高光"参数　　　　图 3-36　文字色泽变化效果图 2

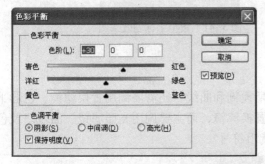

图 3-37　设置色彩平衡的"阴影"参数　　　　图 3-38　文字色泽变化效果图 3

　　3）在完成以上色彩平衡设置以后，再将背景图层填充成深紫色，得到黄金字的最终效果，如图 3-39 所示。

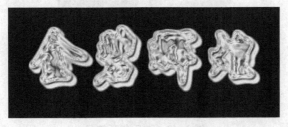

图 3-39　黄金字的最终效果

3.3 强化训练——用黄金字制作标题

3.3.1 用"黄金"打造祥瑞的标题文字

应用以上介绍的黄金字制作方法，为图 3-40 所示的图片设计制作标题文字，效果如图 3-41 所示。

操作小提示：

1）在通道面板上新建一个通道，用直排文字工具录入标题文字。

2）在通道上对文字进行高斯模糊、曲线、色彩平衡及置换等设置，使标题文字最终呈现黄金色泽。

3）该文件最好与置换文件保存在同一个文件夹中。

图 3-40　素材图片

图 3-41　黄金字标题效果图

3.3.2 制作金质货币符号

上述黄金字制作方法不仅要应用通道、高斯模糊和曲线，还需要调用置换滤镜、色彩平衡等功能，过程比较烦琐。本实例不需要调用置换滤镜，而主要调用光照滤镜、曲线以及色相饱和度等功能，打造出图 3-42 所示的金质货币符号。

图 3-42　金质货币符号

操作小提示：

1）在图层面板上用横排文字工具录入灰色（R100，G100，B100）美元货币符号，将其栅格化，选中并存储选区为"货币符号"，即将该选区保存成为"货币符号"通道。

2）切换到通道面板并选中"货币符号"通道，对美元货币符号进行高斯模糊。

3）再切换到图层面板，执行"滤镜"→"渲染"→"光照效果"命令，将纹理通道改为"货币符号"，参数如图3-43所示。

4）执行"图像"→"调整"→"曲线"命令，使该符号呈现金属色泽，参数如图3-44所示。

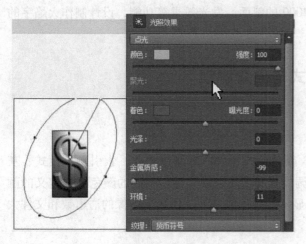

图3-43 "光照效果"滤镜参数设置   图3-44 "曲线"参数设置

5）执行"图像"→"调整"→"色相/饱和度"命令，参照图3-45进行参数的设置，制作出图3-42所示的金质货币符号。

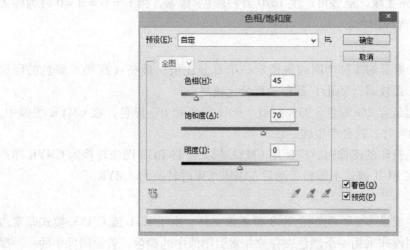

图3-45 设置色相/饱和度

任务4　火焰字制作

火焰字是一种具有特殊渲染效果的特效文字。以下将介绍综合运用 Photoshop CC 2015 的文字蒙版工具、风滤镜、高斯模糊、波纹滤镜，图像模式中的索引颜色及 RGB 颜色设置、图像—旋转画布以及外挂滤镜 Eye Candy 4000 的斜面、发光效果等功能，设计制作火焰字的方法。

4.1　知识准备——图像颜色模式与内置滤镜

4.1.1　图像颜色模式

Photoshop CC 2015 颜色模式包括 RGB 颜色模式、CMYK 颜色模式、索引颜色模式、灰度模式、Lab 颜色模式、位图模式、双色调模式和多通道模式等。不同的颜色模式定义的颜色范围也不同。颜色模式除确定图像中能显示的颜色数之外，还影响图像的通道数和文件大小。以下介绍几种常用的颜色模式。

1. RGB 模式

RGB 模式是最常用的一种颜色模式，也是默认的颜色模式，由红（RED）、绿（GREEN）、蓝（BLUE）3 种颜色按不同的比例混合而成。在 8 位/通道的图像中，3 种颜色各有 0~255 共 256 个亮度级，最多可产生 1670 万种颜色/像素，当 R = G = B = 0 时为纯黑色，R = G = B = 255 时为纯白色。

2. CMYK 模式

CMYK 模式为每个像素的每种印刷油墨指定一个百分比值。最亮（高光）颜色的印刷油墨颜色百分比较低；而较暗（阴影）颜色的百分比较高。

例如，亮红色可能包含 2% 青色、93% 洋红、90% 黄色和 0% 黑色。在 CMYK 图像中，当四种分量的值均为 0% 时，就会产生纯白色。

在制作要用印刷色打印的图像时，应使用 CMYK 模式。将 RGB 图像转换为 CMYK 即产生分色。用户一般先在 RGB 模式下编辑，然后在编辑结束时转换为 CMYK。

3. 索引模式

索引颜色模式可生成最多 256 种颜色的 8 位图像文件。由于 RGB 或 CMYK 模式非常占用空间，可以通过索引模式采用一个颜色表存放并索引图像中的颜色，若原图像中的一种颜色没有出现在查照表中，程序会选取已有颜色中最相近的颜色或使用已有颜色模拟该种颜色，这种转换会使图像产生一定程度的失真，但这种失真在一般情况下不会太大。在有的情况下，当我们对一幅图像的颜色要求不是特别严格时，可以通过把其转换为索引色模式存储来节约存储空间。

4. 灰度模式

灰度颜色模式中只有黑、白、灰 3 种颜色。灰度图像中没有彩色，所以当把彩色图像转换成灰度图像时，系统会出现警告信息，询问是否要舍弃图像中的彩色成分。

5. 颜色模式转换

为了在不同的场合正确输出图像，有时需要把图像从一种模式转换为另一种模式。例如，将图 4-1 所示的 RGB 模式图像转换成灰度模式。

执行"图像"→"模式"命令，如图 4-2 所示。选择颜色模式为"灰度"，此时出现图 4-3 所示的提示框，提示图像中的色相、饱和度等信息将丢失，单击"扔掉"按钮，转换后的灰度颜色模式效果如图 4-4 所示。

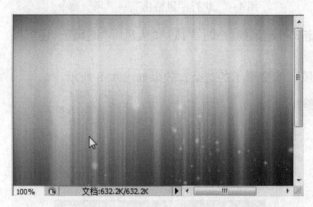

图 4-1　RGB 颜色模式图像　　　　　　　　图 4-2　转换为灰度模式

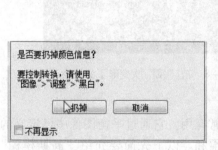

图 4-3　提示框　　　　　　　图 4-4　转换后的灰度颜色模式效果

4.1.2　几种内置滤镜

1. "风格化"中的"风"滤镜

"风"滤镜通过在图像中增加一些细小的水平线生成起风的效果。具体操作如下。

1）打开图 4-5 所示的素材图像，按图 4-6 所示的方法，执行"风格化"→"风"命令。

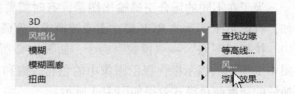

图 4-5　素材图像　　　　　　　　　　　图 4-6　执行"风格化"→"风"命令

2）在图 4-7 所示的对话框中可以设定 3 种起风的方式："风""大风""飓风"，还可以设定"风向"。

3）单击"确定"按钮，即得到被"风"吹变形了的花朵，效果如图 4-8 所示。

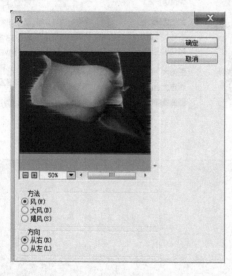

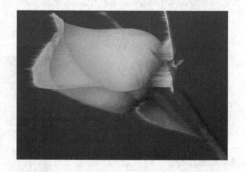

图 4-7　设定 3 种风的参数　　　　　　　图 4-8　被"风"吹变形了的花朵

2. "模糊"中的"高斯模糊"滤镜

"模糊"滤镜柔化选区或整个图像，这对于修饰非常有用。它通过平衡图像中已定义的线条和遮蔽区域的清晰边缘旁边的像素，使变化显得柔和。以下先简要介绍"高斯模糊"滤镜。

"高斯模糊"可根据数值快速地模糊图像，产生很好的朦胧效果。"高斯"是指对像素进行加权平均所产生的钟形曲线。具体操作如下。

1）打开图 4-5 所示的素材图像，按图 4-9 所示的方法，执行"模糊"→"高斯模糊"命令。

2）选择高斯模糊后，会弹出一个图 4-10 所示的对话框，在对话框的底部我们可以利用拖动滑杆来对当前图像模糊的程度进行调整，还可以输入数值（Radius）半径（R）：5.9 像素。单击"确定"按钮，得到图 4-11 所示的经过高斯模糊处理后的效果图。

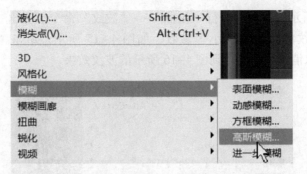

液化(L)...	Shift+Ctrl+X
消失点(V)...	Alt+Ctrl+V
3D	▶
风格化	▶
模糊	▶
模糊画廊	▶
扭曲	▶
锐化	▶
视频	▶

| 表面模糊... |
| 动感模糊... |
| 方框模糊... |
| 高斯模糊... |
| 进一步模糊 |

图4-9　执行"模糊"→"高斯模糊"命令

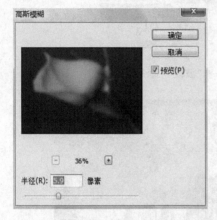

图4-10　"高斯模糊"参数设置对话框

图4-11　经高斯模糊处理后的效果图

3. "扭曲"中的"波纹"滤镜

扭曲滤镜（Distort）通过对图像应用扭曲变形实现各种效果。其中包含了波纹、波浪、挤压、水波和切变等多个子滤镜。波纹滤镜是其中应用较多的一种。它常用于产生类似于水中波纹的效果。具体操作如下。

1）打开图4-12所示的素材图片，用快速选择工具选取水面为选区，如图4-13所示。

图4-12　素材图片

图4-13　用快速选择工具选取水面为选区

2）按图4-14所示的方法，执行"扭曲"→"波纹"命令。弹出"波纹"对话框。在该对话框中设置波纹的数量和大小等参数，如图4-15所示。单击"确定"按钮，并按〈Ctrl + D〉组合键取消选区，即得到图4-16所示的波纹效果。

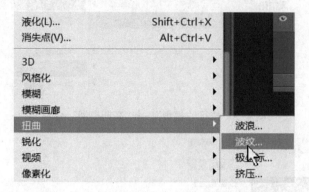

图4-14 执行"扭曲"→"波纹"命令

图4-15 "波纹"对话框

图4-16 经波纹滤镜处理后的波纹效果

4.2 实战演练——火焰字制作实例

该实例主要训练学生尝试综合运用文字蒙版工具、风滤镜、高斯模糊、波纹滤镜和Eye Candy 4000的"发光"滤镜（CORONA）等功能，设计制作具有火焰效果的标题文字。

4.2.1 创建文件及文字选区

1）分别单击"设置前景色和背景色"按钮█和█，设置前景为白色，背景为黑色。

2）单击"文件"→"新建"菜单命令，新建一个灰度模式图像，如图4-17所示。

3）单击横排文字蒙版工具，在图像上单击鼠标左键，在文字工具属性栏设置文字的字体和字号，如图4-18所示。然后输入"星火燎原"并确认，产生相应的文字选区，如图4-19所示。

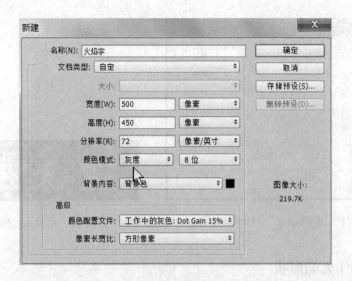

图 4-17　新建灰度模式图像参数

图 4-18　文字工具属性栏

图 4-19　文字选区

4）按〈Alt + Delete〉组合键，将文字选区填充为白色，如图 4-20 所示。

图 4-20　填充文字选区

5）单击"选择"→"存储选区"菜单命令，将文字选区保存，选区名称为 L1。"存储选区"对话框如图 4-21 所示。

6）按〈Ctrl + D〉组合键，取消文字选区，文字效果如图 4-22 所示。

这时，从表面上看，文字选区消失了，但是该选区已经被保存到文件中，即使把文件关闭，下次打开时，这个选区仍然保存在该文件中，可以反复载入使用。

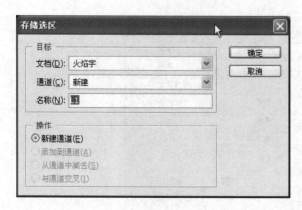

图 4-21 "存储选区"对话框

图 4-22 取消选区后的文字效果

4.2.2 制作火焰形状

在以上操作的基础上，继续对文字进行特效处理，使其产生出火焰的形状。具体方法如下。

1）执行"图像"→"图像旋转"→"90 度（顺时针）"菜单命令，调出图 4-23 所示的菜单，将图像顺时针旋转 90°。

2）执行"滤镜"→"风格化"→"风"菜单命令，对文字施加"风"滤镜特效，滤镜参数如图 4-24 所示。

图 4-23 旋转图像菜单　　　　　　　　图 4-24 "风"对话框

3）重复执行 3～4 次"风"滤镜，增强风吹的力度，效果如图 4-25 所示。

4）执行"滤镜"→"模糊"→"高斯模糊"菜单命令，柔化风吹的效果。参数设置如图 4-26 所示。

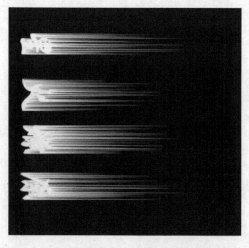

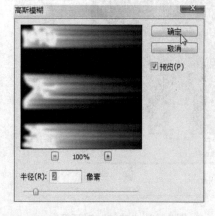

图 4-25　重复执行风滤镜后的效果　　　　　图 4-26　"高斯模糊"对话框

5）单击"图像"→"旋转画布"→"90 度（逆时针）"菜单命令，将图像旋转还原。

6）单击"选择"→"载入选区"菜单命令，调出文字选区 L1，如图 4-27 和图 4-28 所示。

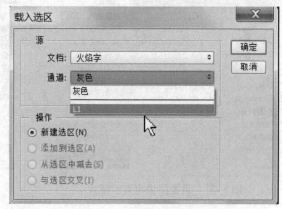

图 4-27　"载入选区"命令　　　　　图 4-28　"载入选区"对话框

7）按下反选快捷键〈Ctrl + Shift + I〉，选中文字以外的部分。

8）单击"滤镜"→"扭曲"→"波纹"菜单命令，使火焰产生自然卷曲和飘动效果，参数对话框如图 4-29 所示。

9）按下取消选区快捷键〈Ctrl + D〉，取消选区，经"波纹"滤镜处理后的文字火焰形状如图 4-30 所示。

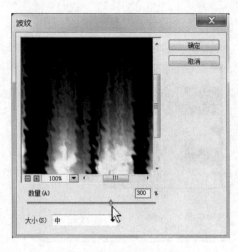

图 4-29 "波纹"对话框

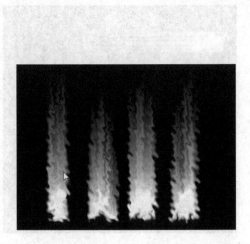

图 4-30 经"波纹"滤镜处理后的文字火焰形状

至此，文字上的火焰形状已经形成，但还只是黑白两色。接下来的任务是将其转换成彩色的火焰。

4.2.3 设置火焰颜色

1）执行"图像"→"模式"→"索引颜色"菜单命令，将图像转换成索引模式，如图 4-31 所示。

2）执行"图像"→"模式"→"颜色表"菜单命令，在"颜色表"下拉列表中选择"黑体"，文字就会产生出熊熊燃烧的渲染效果，如图 4-32 和图 4-33 所示。

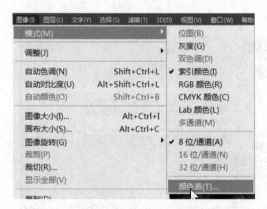

图 4-31 设置图像为索引模式

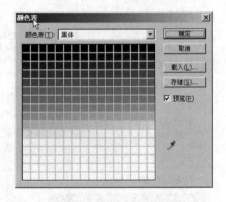

图 4-32 设置图像的颜色表

3）执行"图像"→"模式"→"RGB"菜单命令，把图像设置为 RGB 模式，如图 4-34 所示。

4）执行"选择"→"载入选区"菜单命令，再次调出文字选区 L1。将前景色设为红色，按下〈Alt + Delete〉组合键，用红色填充文字选区，如图 4-35 所示。

5）执行"滤镜"→"Eye Candy 4000"→"斜面"菜单命令，为文字设置立体效果，相应菜单和参数如图 4-36、图 4-37a 和图 4-37b 所示。

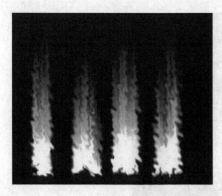

图 4-33 设置颜色表为黑体的效果

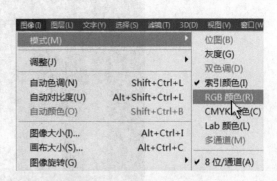

图 4-34 设置图像为 RGB 模式

图 4-35 红色填充文字选区效果图

图 4-36 调用 Eye Candy 4000 的斜面滤镜

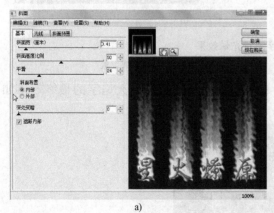

a)

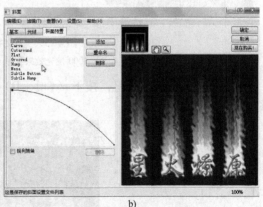

b)

图 4-37 斜面参数设置窗口

a)"斜面"滤镜的参数设置对话框 1   b)"斜面"滤镜的参数设置对话框 2

6）单击"确定"按钮，设置效果如图 4-38 所示。

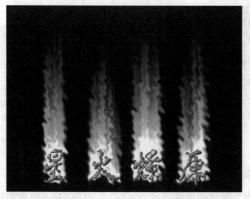

图4-38 "斜面"滤镜的设置效果

7）执行"滤镜"→"Eye Candy 4000"→"发光"菜单命令，为文字设置光晕效果，相应菜单和参数如图4-39a和图4-39b所示。

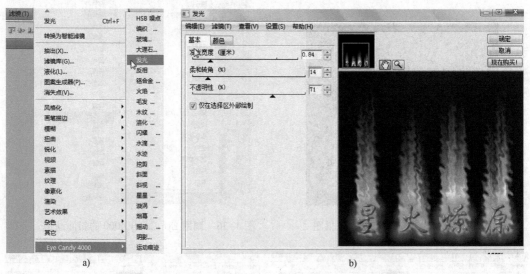

　　　　　　　a)　　　　　　　　　　　　　　　　　　b)

图4-39 为文字设置光晕效果

a）调用 Eye Candy 4000 发光效果菜单　b）Eye Candy 4000 发光效果参数设置

8）单击"确定"按钮，按下〈Ctrl + D〉组合键取消文字选区，火焰字的最终效果如图4-40所示。

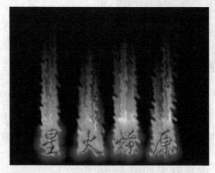

图4-40 火焰字最终效果图

4.3 强化训练——制作火焰字标题

应用以上介绍的火焰字制作方法，设计制作标题文字，效果如图4-41所示。

图4-41 样本效果图

操作小提示：

1）新建的图像文件必须是灰度颜色模式。

2）向文件中输入的文字要靠近中下位置，以便为文字作"风"滤镜处理留下充分的空间。

3）在对文字进行颜色填充时，可以选取图中火焰自身红色填充，可以使画面颜色更加协调。

单元小结

1）Photoshop CC 2015 提供了4种文字工具：横排**T**、直排**IT**、横排文字蒙版 和直排文字蒙版 。

2）在字符/段落面板上可设置文字的字体、字号、颜色、字间距和行间距和创建文字变形等属性。

3）文字图层的栅格化操作，能将横排文字与直排文字工具生成的文字图层，转换成普通图层。

4）Photoshop CC 2015 提供了丰富的对文字进行特效设置的功能，包括文字变形、图层样式、滤镜，图像模式中的索引颜色、颜色表和 RGB 颜色设置，图像—旋转画布以及外挂滤镜 Eye Candy 4000 中的斜面、发光效果等。

5）综合应用文字工具与滤镜等功能，能制作雕塑字、珍珠字、图案字和火焰字等常用特效文字。

作业

1) 应用本单元介绍的知识和技能, 用图4-42所示素材制作图案字, 为图4-43所示的画面添加标题文字, 要求与图4-44所示的样本效果一致。

图4-42　素材图片1　　　　　　　　　　图4-43　素材图片2

2) 在所给素材图片(图4-45所示)上, 用雕塑字制作主题文字, 要求完成的效果尽量与图4-46所示的样本图一致。

图4-44　样本效果图　　　　　　　　　图4-45　素材图片

图4-46　样本图

第 2 单元

图 片 合 成

【职业能力目标与学习要求】

在设计制作图像作品的过程中，常常需要用选择工具，对图片素材进行选取，加之各种工具及命令的综合运用，使各素材图片有机地融合在一起，制作出合成的艺术效果。通过本单元的学习，要求达到以下目标：

1）掌握 Photoshop CC 2015 各种选择工具和羽化功能的应用。

2）能熟练设置和应用图层的混合模式。

3）掌握文字变形、图层样式等常用文字特效的设置方法。

4）掌握图层、蒙版的基本操作方法。

5）掌握 Eye Candy 4000 中常用滤镜的应用方法。

6）能够设计制作常用会员卡、名片和简单的宣传画等图像作品。

任务 5 设计制作常用卡片

5.1 知识准备——选区羽化与图层混合模式

在图像合成过程中，常常采用选区羽化和设置图层混合模式来柔化或消除图像边缘，使合成的画面变得自然协调、浑然一体。

5.1.1 选区羽化

在调用选框工具和套索工具时，其相应的属性面板上会出现"羽化"选项，如图 5-1 所示。"羽化"选项可以对选择的区域进行虚化，使选区边缘变得平滑，从而产生柔和的效果。

羽化值越大，所选取图像的边缘到选区外部边界的过渡就越柔和。如图 5-2 所示从左至右 3 个椭圆形选区的羽化半径像素值分别为 0、5 和 10。显然，各选区羽化半径值越大，边缘虚化效果越明显。

图 5-1 羽化选项　　　　　　　　　　图 5-2 不同羽化半径的选区边缘虚化效果比较

有两种方法可以设置羽化值的大小：第一种方法是在创建选区之前，在选择工具选项栏上设置"羽化"属性值，如图 5-1 所示；第二种方法是在创建完选区之后，按图 5-3 所示，执行"选择"→"修改"→"羽化"命令，在弹出的"羽化选区"对话框中设置羽化半径参数，如图 5-4 所示。

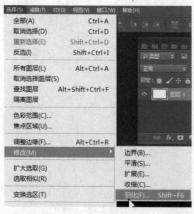

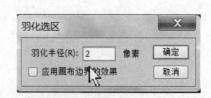

图 5-3 执行"选择"→"修改"→"羽化"命令　　　图 5-4 设置羽化半径参数

两种设置羽化参数的方法的不同之处是，在"选择"菜单下选择"羽化"命令只能对当前的选区进行羽化，而在选项栏上设置的"羽化"数值，则必须在绘制选区前进行，才会对后面的绘制选区操作产生作用。

5.1.2 图层混合模式——柔光模式

图层混合模式是指将图层中的图像以一种相应的方式与其下面图层中的图像像素相混合，利用图层混合模式可以为图像创造各种特殊效果。Photoshop CC 2015 提供了"柔光""正片叠底""滤色"等丰富的图层混合模式。

单击图层面板 正常 处的 按钮，在图 5-5 所示的下拉列表中可以进行各种模式的混合设置。

在图片合成中灵活、正确地运用图层混合模式，更是可以收到事半功倍的效果。

"柔光"是图层混合模式中常用的模式之一。在这种模式下，原始图像与混合色彩、图案或图像进行混合，并依据混合图像决定使原始图像变亮还是变暗，混合图像比 50% 灰色亮，则图像变亮；如果混合图像比 50% 灰色暗，则图像变暗。图 5-6 与图 5-7 所示为图层设置为"柔光"模式前、后效果的对比。

图 5-5　图层混合模式下拉列表

图 5-6　设置为"柔光"模式前

图 5-7　设置为"柔光"模式

5.2 实战演练——设计制作温馨贺卡

本节主要训练学生初步尝试综合应用选择工具、选区羽化、图层混合模式、Eye Candy 4000 的"斜面"滤镜（BEVEL BOSS）等功能进行设计。

该实例主要采用图5-8~图5-10所示的素材图片。

图5-8　素材图片1

图5-9　素材图片2

图5-10　素材图片3

5.2.1　素材合成

1）打开图5-8所示的图片作为背景，再打开图5-10所示的素材图片。选用快速选择工具在该图中儿童像以外任意位置连续用鼠标左键单击，选中整个背景区域，如图5-11所示。按〈Shift + Ctrl + I〉组合键，反选儿童头像为选区。效果如图5-12所示。

图5-11　选择背景为选区

图5-12　执行反选后的选区

58

2）按图 5-13 所示的方法，执行"选择"→"修改"→"羽化"命令，弹出"羽化选区"参数设置对话框，设置羽化半径为"2 像素"，如图 5-14 所示。确认后，可使选区边缘柔化。

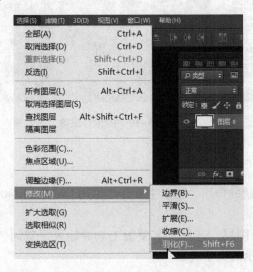

图 5-13 执行"选择"→"修改"→"羽化"命令　　　　图 5-14 设置羽化半径参数

3）在儿童头像选区中按下鼠标左键，将其拖入图 5-8 所示的背景图中。按〈Ctrl + T〉组合键，对其进行旋转和缩放处理，完成图像合成第一步，效果如图 5-15 所示。

4）打开图 5-9 所示的小贺卡素材图片，按住鼠标左键直接将其移动到图 5-15 所示的画面中，接着对其进行缩放、旋转和移动处理，如图 5-16 所示。

图 5-15 图像合成第一步效果　　　　图 5-16 小贺卡在画面中的大小和位置

5）小贺卡的颜色过于鲜艳，使画面有些生硬。因此，要对小贺卡的图层混合模式进行设置。在图层面板上选中小贺卡图层，按图 5-17 和图 5-18 所示的方法，选择"图层混合模式"→"柔光"后，使小贺卡与整个画面自然融成一体，完成图像合成第二步，效果如图 5-19 所示。

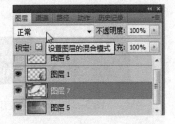

图 5-17 设置图层混合模式

图 5-18　选择"图层混合模式"→"柔光"　　　图 5-19　图像合成第二步效果

5.2.2　设计制作标题

标题文字能在图像作品中起到画龙点睛的作用。这里主要介绍采用 Eye Candy 4000 中的玻璃滤镜为贺卡设计制作标题文字。

1）在图 5-19 所示的画面中新建一个图层，选择文字蒙版工具并输入祝贺词"Happiness"，退出文字蒙版后，生成图 5-20 所示的文字选区。

图 5-20　祝贺词文字选区

2）在工具箱中选择渐变工具，在渐变属性面板上选择"线性渐变"中的"透明彩虹渐变"，如图 5-21 和图 5-22 所示。

图 5-21　选择渐变工具　　　图 5-22　选择"透明彩虹渐变"

3）在图 5-20 所示文字选区中，按照图 5-23 所示的方法，单击鼠标左键，从左上至右下拉一条斜线，对选区进行透明彩虹渐变填充，效果如图 5-24 所示。

图 5-23　对文字选区进行"透明彩虹渐变"填充 　　　图 5-24　"透明彩虹渐变"填充效果

4）制作玻璃字效果。按照图 5-25 所示的方法，执行"滤镜"→"Eye Candy 4000"→"玻璃"命令，在弹出的对话框中设置"玻璃"滤镜参数，如图 5-26 所示。

图 5-25　执行"滤镜"→"Eye Candy 4000"→"玻璃"命令

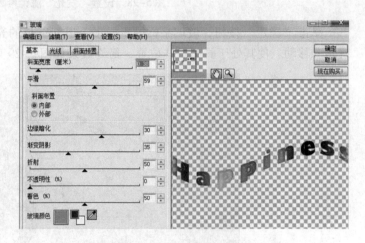

图 5-26　设置"玻璃"滤镜参数

单击"确定"按钮后，得到图 5-27 所示的具有玻璃质感的标题文字。

图 5-27　玻璃质感的标题文字

5）为玻璃字标题描边。执行"滤镜"→"Eye Candy 4000"→"发光"命令，在弹出的对话框中设置"发光"滤镜参数，如图 5-28 所示。

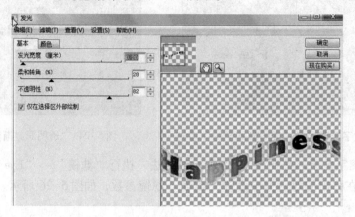

图 5-28　设置"发光"滤镜参数

单击"确定"按钮，玻璃字标题生成了一道淡黄色的光环。接着对标题文字进行缩放、旋转和移动，使其处于画面最佳位置，最终效果如图 5-29 所示。

图 5-29　温馨贺卡效果图

5.3　强化训练——设计制作会员卡和名片

5.3.1　设计制作 VIP 会员卡

会员卡是 VIP 贵宾卡、打折卡、优惠卡和磁条卡等卡片的统称。一般来说，会员卡制作以 PVC 材质居多，所以会员卡也叫做 PVC 会员卡。由于制作精美且适合长期保存，因此会员卡也是应用最为广泛、最受消费者和商家喜爱的证卡种类。

伴随着会员制服务的流行，越来越多的商场、宾馆、健身中心和酒家等消费场所都会用到会员卡。商家通过发行会员卡，不仅能起到吸引新顾客，留住老顾客，增强顾客忠诚度的作用，还能实现打折、积分和客户管理等功能，是一种切实可行的增加效益的有效途径。

应用上述介绍的图像合成方法，利用图 5-30 所示的素材图片，设计制作效果如图 5-31 ~ 图 5-33 所示的会员卡。

图 5-30　素材图片

图 5-31　会员卡正面效果图

图 5-32　会员卡背面效果图

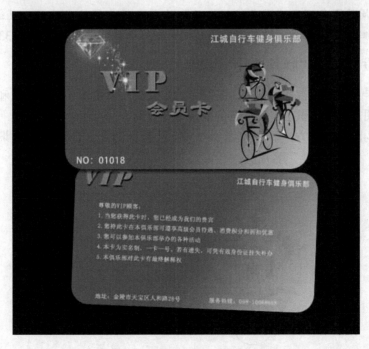

图 5-33　会员卡正面、背面效果图

操作小提示：

1）标准会员卡基本参数。标准会员卡尺寸为：88.5mm×57mm（四周各留有1.5mm供裁切的余地，称为"出血"位尺寸），成品会员卡尺寸为85.5mm×54mm，分辨率为300像素，颜色模式为CMYK。

2）会员卡的标题文字效果采用了图层样式中的"斜面和浮雕"与"投影"，可参照图5-34进行设置。

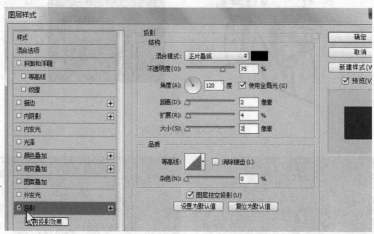

图5-34　文字效果参照图

3）钻石图案所在图层要设置成"滤色"模式。

4）分别设计会员卡的正面和背面并独立保存，如图5-31和图5-32所示。先分别合并图层，再进行合成。

5）卡片四周的圆角可用"圆角矩形工具"绘制路径→转换成选区→反选，再按〈Delete〉键，删除四周多余像素，即可得到圆角矩形会员卡，最终效果如图5-33所示。

5.3.2　设计制作"牡丹诗社"名片

名片又称卡片，中国古代称名刺，是标示姓名及其所属组织、公司单位和联系方法的纸片。名片是新朋友互相认识、自我介绍的最快最有效的方法。

应用所学的图像合成方法，利用图5-35所示素材图片，设计制作效果如图5-36和图5-37所示的"牡丹诗社"名片。

图5-35　素材图片

图 5-36 名片正面效果图   图 5-37 名片背面效果图

操作小提示:

1)名片基本参数。一般名片的尺寸为 90 mm×54 mm,但是加上四周各 2 mm 的出血尺寸,所以名片尺寸必须设定为 94 mm×58 mm。

2)名片的颜色模式应设为 CMYK,分辨率为 300 像素。

3)"牡丹诗社"添加了图层样式"斜面和浮雕"与"投影"。

任务6 设计制作宣传画

6.1 知识准备——外部斜面滤镜与 HSB 噪点滤镜

6.1.1 外部斜面滤镜

如"**1.1.6 斜面滤镜（BEVEL BOSS）**"所述，Eye Candy 4000 的斜面滤镜（BEVEL BOSS）可使任何选区产生浮雕凸起效果，生成各种样式的斜面或雕刻外形。这种雕刻效果既可以在选区内部，也可以在选区外部，主要由该滤镜的"斜面布置"决定。以下通过实例对这两种雕刻效果进行对照比较。

打开 6-1 所示蓝天图片，用文字蒙版工具创建如图 6-2 所示"蓝天"文字选区。

图 6-1 蓝天图片

图 6-2 文字选区

执行"滤镜"→"Eye Candy 4000"→"斜面"命令，随即弹出如图 6-3 所示的"斜面"滤镜的操作界面。其中"斜面布置"参数决定了斜面雕刻效果的内、外位置，图中所示为默认"内部"效果。

如果单击"外部"选项，则雕刻效果出现在选区外部，如图 6-4 所示。

图 6-3 "斜面"滤镜的内部雕刻效果

图 6-4 "斜面"滤镜的外部雕刻效果

6.1.2 HSB 噪点滤镜

Eye Candy 4000 的 HSB 噪点滤镜通过调节色度、饱和度及亮度，在选区内添加噪点，从而形成风格各异的噪点效果。

对图 6-2 所示文字选区进行填充，其效果如图 6-5 所示。

按如图 6-6 所示，执行"滤镜"→"Eye Candy 4000"→"HSB 噪点"命令，随即弹出"HSB"噪点对话框，如图 6-7 所示。

图 6-5 文字选区填充效果

图 6-6 执行"滤镜"→"Eye Candy
4000"→"HSB 噪点"命令

67

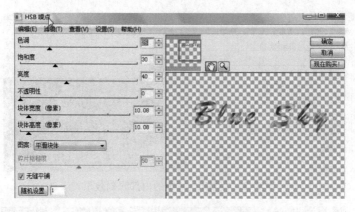

图 6-7　"HSB 噪点"对话框

其中各项主要参数的简要介绍如下。

- "色调"：参数用以调节色调，数值变化范围 0～100；
- "饱和度"：调节噪点的饱和度，数值变化范围 0～100；
- "亮度"：调节亮度变化，数值变化范围 0～100；
- "不透明性"：为滤镜效果设置不同的透明度；
- "块体宽度"：用于设置噪点块的宽度，调节噪点在水平方向的大小，如果数值过大，可形成水平方向的条纹；
- "块体高度"：设置噪点块的高度，调节噪点在垂直方向的大小，如果数值过大，可形成垂直方向的条纹；
- "图案"：用于设定噪点样式，有平滑块体、平滑碎片和皱褶碎片三种样式可供选择。

另外，勾选"无缝平铺"选项，会在各区块之间产生无缝拼接；单击"随机设置"按钮可以产生随机效果。

在参照图 6-7 所示参数进行设置后，单击"确认"按钮，即得到图 6-8 所示的噪点滤镜作用效果图。

图 6-8　HSB 噪点滤镜效果

6.2　实战演练——设计制作购物节宣传画

这是一幅大众超市购物节的宣传画，首先要应用外部斜面滤镜等功能在蓝色的天空中设计制作出"清风传情"，再综合应用魔棒、多边形套索和羽化等功能进行图片合成。用噪点滤镜和盛开的鲜花对画面中的广告词进行修饰和衬托，从而使整个画面充满活力，凸显了大众超市在炎炎夏季为顾客送去一片清凉的服务意识。

该实例主要采用图6-9和图6-10所示素材图片。

图6-9　素材图片1　　　　　　　　图6-10　素材图片2

6.2.1　设计外部斜面雕塑字

1）打开图6-9所示图片作为背景，单击文字蒙版工具，在相应的文字选项中设置文字字体和字号，在画面中输入"清风传情"，以产生文字选区，如图6-11所示。

图6-11　文字选区

2）执行"滤镜"→"Eye Candy 4000"→"斜面"命令，在弹出的对话框中设置滤镜参数。首先，选择"斜面布置"为"外部"，预览窗口画面中的选区随即产生充气般的外部浮雕效果。外部斜面滤镜主要参数设置如图6-12所示。确认后得到图6-13所示外部斜面雕刻字效果。

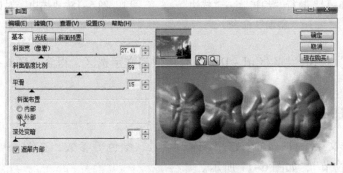

图6-12　设置外部斜面滤镜参数

图 6-13　外部斜面雕塑字效果

3）接着，对标题文字进行描边处理，使其更加醒目。按图 6-14 所示方法执行"编辑"→"描边"→"斜面"命令，在随即弹出的"描边"对话框中设置描边的宽度、颜色和位置等，如图 6-15 所示。

图 6-14　执行"编辑"→"描边"　　　图 6-15　"描边"对话框
　　　　　→"斜面"命令

单击"确定"按钮，按〈Ctrl + D〉组合键取消文字选区，得到如图 6-16 所示"描边"文字效果。

6.2.2　设计制作广告词

1）选择横排文字工具，设置文字字体、字号、颜色等参数，在图 6-16 所示画面中输入"大众之夏购物节"，如图 6-17 所示。

图 6-16 "描边"文字效果

图 6-17 录入文字效果

2）在使该文字图层栅格化之后，执行"滤镜"→"Eye Candy 4000"→"HSB 噪点"命令，随即弹出"HSB 噪点"对话框，如图 6-18 所示设置噪点各项参数。

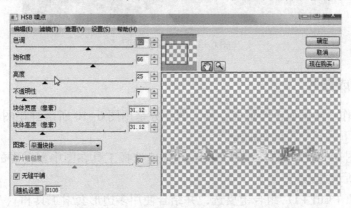

图 6-18 设置噪点各项参数

确认噪点参数设置，得到图 6-19 所示噪点滤镜效果。

图 6-19 噪点滤镜效果

3）在图层面板上单击"图层样式"按钮 _fx._，在弹出的菜单中选择"投影"，方法如图 6-20 所示。

在弹出的参数对话框中，参照图 6-21 设置投影的各项参数。图 6-22 为文字投影效果图。

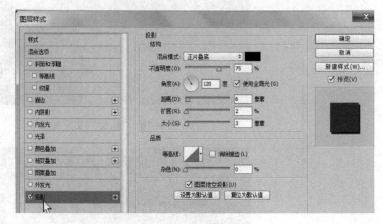

图 6-20　为文字设置投影样式　　　　　　　　　　图 6-21　设置投影参数

图 6-22　投影效果图

6.2.3　合成图片

通过以上操作，主画面已经形成，剩下的任务是用图 6-10 所示鲜花图片对主画面进行点缀，同时也为下一句广告词作铺垫。

1）再打开图 6-10 所示鲜花素材图片。用快速选择工具在图中不需要的区域连续单击，选择出图 6-23 所示选区。

2）按〈Shift + Ctrl + I〉组合键反选，并结合使用多边形套索工具和〈Alt〉键，去掉多余选区，最后得到需要选取的鲜花选区，如图 6-24 所示。

图 6-23　用快速选择工具创建选区　　　　　　　图 6-24　反选选区

72

3）按住左键将图6-24中的鲜花选区拖曳到图6-22画面的左下角，按〈Ctrl + T〉组合键对鲜花进行缩放和旋转，放到图6-25所示位置。

图6-25　移动鲜花位置

4）选择鲜花为当前图层，在图层面板上单击"添加图层样式"按钮，执行"外发光"命令，参照图6-26设置发光参数，使鲜花带上光环，效果如图6-27所示。

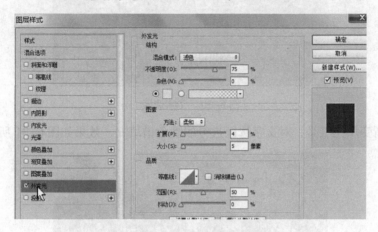

图6-26　设置外发光图层样式

图6-27　鲜花带上光环

5）用快捷方式复制鲜花，将鼠标指向鲜花，并同时按下〈Alt〉键和鼠标左键向右移动，即可复制出一朵鲜花，如图6-28所示。用同样的方法，复制出6朵鲜花，如图6-29所示。

6）新建一个图层，使用文字蒙版工具在鲜花上输入"琳琅商品荟萃"，以产生文字选区，如图6-30所示。

图 6-28 复制鲜花图层　　　　　　　　　　　图 6-29 复制出 6 朵鲜花

图 6-30 文字选区

7）使用渐变填充工具，对文字选区进行线性色谱填充，效果如图 6-31 所示。

图 6-31 填充文字选区

8）执行"滤镜"→"Eye Candy 4000"→"发光"命令，参照图 6-32 设置文字发光滤镜参数，确认后，即完成本作品的设计制作，整体效果如图 6-33 所示。

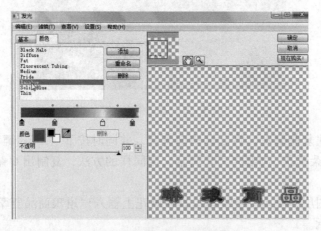

图 6-32 设置文字发光滤镜参数

图 6-33　作品整体效果

6.3　强化训练——设计制作儿童摄影展宣传画

综合应用快速选择工具、多边形套索、羽化和 Eye Candy 4000 的斜面滤镜等功能，用图 6-34 和图 6-35 所示素材图片进行合成，设计制作一幅名为"宝贝"的图像作品，要求效果与图 6-36 所示样本图一致。

图 6-34　素材图片 1

图 6-35　素材图片 2

图 6-36　样本图

操作小提示:

1)在图 6-35 素材图片中提取男童头像时,可先用快速选择工具初步选取背景区域,如图 6-37 所示。

2)再使用多边形套索工具,同时按〈Alt〉键和鼠标左键减去男童肩部多余选区,按〈Shift + Ctrl + I〉组合键反选,从而得到男童头像选区,如图 6-38 所示。

图 6-37 第一步选区   图 6-38 头像选区

任务 7　设计制作风景图片

7.1　知识准备——渐变填充与图层操作

7.1.1　渐变填充

渐变工具是用来创建渐变效果的工具。选择渐变工具时，工作界面上方出现渐变属性栏，如图 7-1 所示。

图 7-1　渐变属性栏

可以在属性栏上设置 5 种渐变方式，分别为线性渐变、径向渐变、角度渐变、对称渐变和菱形渐变，如图 7-3 所示。以下通过对图 7-2 中的矩形选区进行不同方式的渐变填充，来比较这几种渐变方式之间的区别。

图 7-2　矩形选区

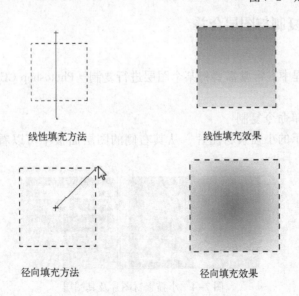

线性填充方法　　　　　　　　线性填充效果

径向填充方法　　　　　　　　径向填充效果

图 7-3　比较各种渐变方式的效果

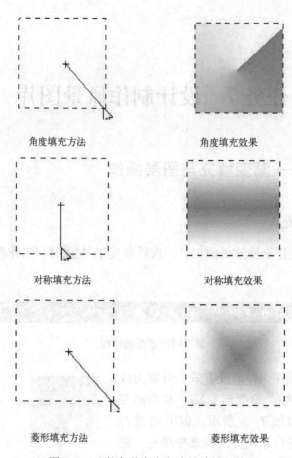

角度填充方法   角度填充效果

对称填充方法   对称填充效果

菱形填充方法   菱形填充效果

图7-3　比较各种渐变方式的效果（续）

7.1.2　图层复制与图层合并

1. 图层复制

在图像处理过程中，常常需要将某个图层进行复制。Photoshop CC 2015 提供了以下复制图层的方法。

（1）调用主菜单命令复制

打开图 7-4 所示的小猫素材图片，从其右侧的图层面板中可以看出，该文件只有一个名为 CAT 的图层。

图7-4　小猫素材图片及其图层

按图 7-5 所示的方法，执行主菜单上的"图层"→"复制图层"命令，在弹出的图 7-6 所示的"复制图层"对话框中单击"确定"按钮，可以对当前图层实现复制。

图7-5 执行主菜单上的"图层"→　　　　　图7-6 "复制图层"对话框
　　　　"复制图层"命令

复制的结果是图层面板上生成了一个名为 CAT 副本、内容与 CAT 完全相同的图层,如图 7-7 所示。

(2)在图层面板上调用"复制图层"命令

按图 7-8 所示的方法,用鼠标右键单击图层面板上的图层名,在弹出的菜单中选择"复制图层"命令,也可以复制图层,得到与图 7-7 相同的结果。

图7-7 CAT 副本图层　　　　　图7-8 在图层面板上调用"复制图层"命令

(3)用快捷操作方式复制图层

● 在图层面板中,按图 7-9 所示的方法,把要复制的 CAT 图层用鼠标拖曳到图层面板下面的 图标上,可以将此图层复制,产生与图 7-7 相同的结果。

● 按组合键〈Ctrl + J〉,也可以对当前图层进行复制,产生与图 7-7 相同的结果。

2. 合并图层

图像制作过程中,一般都会产生过多的图层,会使图像占用空间变大,处理速度变慢,因此就需要将一些图层合并起来,以节省磁盘空间,同时也提高操作速度。

Photoshop CC 2015 提供 3 种合并图层的方法,这 3 种命令位于"图层"菜单下,如图 7-10 所示。

图7-9 用鼠标拖曳方式复制图层　　　　图7-10 合并图层的命令

● 向下合并:将当前图层与其下一图层的图像进行合并,其他图层保持不变。如果当前图层有图层链接,则"向下合并"命令变为"合并链接图层"命令,单击该命令将

79

合并所有链接图层。

- 合并可见图层：将当前所有显示的图层合并。
- 拼合图像：将图像中所有可见图层合并，并在合并过程中删除隐藏的图层。

7.2 实战演练——设计制作"长江画廊"

通过设计制作风景图片——长江画廊，训练学生挑选素材、处理素材的能力，以及综合应用选区编辑、渐变填充、编辑/描边和 Eye Candy 4000 滤镜等功能，设计制作完整图像作品的能力。

该实例主要采用图 7-11 和图 7-12 所示的素材图片。

图 7-11　素材图片 1

图 7-12　素材图片 2

7.2.1 设计制作主标题文字

1）打开一幅如图 7-11 所示的长江风景图像作为底图。

2）新建一个"图层 1"，设置前景色为（R 为 169，G 为 131，B 为 79），在工具箱中选择矩形选框工具，按住〈Shift〉键绘制一个正方形，按下〈Alt + Delete〉组合键填充前景色，如图 7-13 所示。

图 7-13　填充矩形选区

3）执行"滤镜"→"Eye Candy 4000"→"斜面"命令，弹出图 7-14 所示的对话框，设置相应的参数，对正方形进行立体处理，得到图 7-15 所示的立体相框效果。

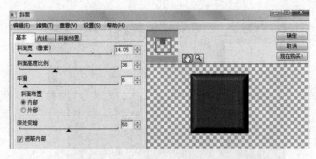

图 7-14 "斜面"对话框

图 7-15 斜面效果图

4）按〈Ctrl + D〉组合键取消选区，再用矩形选框工具选中立体按钮上的正方形平面，并将其填充成淡黄色，如图 7-16 所示。

5）按下〈Ctrl + D〉组合键取消选区，即完成主题文字小背景的制作。

6）在图层面板上创建一个新图层，用鼠标单击工具栏上的横排文字蒙版工具，设置合适的字体和字号，再单击图像进入输入文字蒙版编辑状态，输入"长江画廊"。单击工具属性栏中的 ✔，确认文字输入，退出文字蒙版编辑状态，在图像编辑窗口中生成以文字形状创建的文字选区，如图 7-17 所示。

图 7-16 填充正方形

图 7-17 文字选区

7）用鼠标单击工具箱上的渐变工具，在其属性栏中设置选取"角度渐变工具"，并设置渐变方式为"透明彩虹渐变"，如图 7-18a 所示。

8）在文字选框中心由内向外画一条直线，将文字填充成彩虹渐变色，如图 7-18b 和图 7-18c 所示。

9）依次单击工具箱上的"默认前景色和背景色"按钮和"切换前景色和背景色"，设置前景为白色。

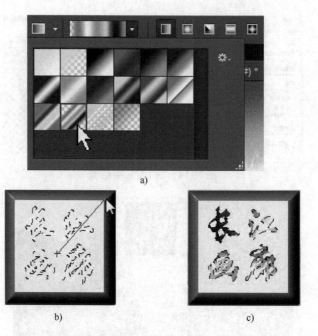

a)

b) c)

图 7-18 设置渐变方式及渐变填充

a) 设置"透明彩虹渐变" b) 填充彩虹径向渐变色 c) 渐变填充效果图

10) 单击"编辑"→"描边"菜单命令, 弹出"描边"对话框。设置图 7-19 所示的参数, 单击"确定"按钮, 为文字加上白边, 描边效果如图 7-20a 所示。

11) 按〈Ctrl+D〉组合键取消选区, 用鼠标单击工具箱上的"默认前景色和背景色", 将前景设为黑色。再次单击"编辑"→"描边"菜单命令, 弹出"描边"对话框。设置图 7-20b 所示的参数, 单击"确定"按钮, 为文字加上黑边, 描黑边的效果如图 7-20c 所示。

图 7-19 "描边"对话框

a)

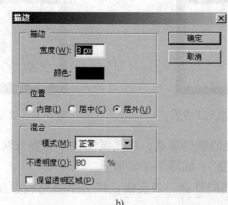

b)

c)

图 7-20 描白边与描黑边

a) 描白边效果图 b) "描边"对话框 c) 描黑边效果图

82

按〈Ctrl + E〉组合键执行向下合成图层命令，使主题文字所在图层与其下面的主题文字小背景合并成一个图层。

7.2.2　设计制作小画片

1）在图层面板上新建一个图层。单击"矩形选择工具"，在图像编辑窗口画一个正方形选框，并将其填充为红色，如图7-21所示。

图7-21　填充正方形选框

2）执行"滤镜"→"Eye Candy 4000"→"斜面"命令，弹出参数对话框，依次按照图7-22～图7-24所示，设置相应的参数，对正方形进行立体化效果处理，得到图7-25所示的具有立体感的相框。

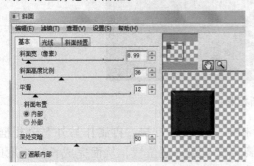
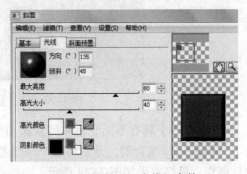

图7-22　斜面"基本"参数　　　　　　　　图7-23　斜面"光线"参数

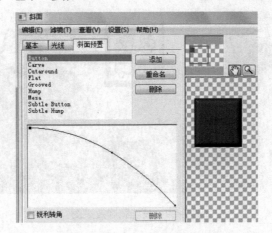

图7-24　斜面"斜面预置"参数

3）按下〈Ctrl + D〉组合键取消选区。再打开一幅长江风景图像，用移动工具将其拖到底图上。按〈Ctrl + T〉组合键对风景图像进行缩放，并移动到相框上，如图 7-26 所示。

4）确保风景图像层与相框层是相邻的上下层关系，按下〈Ctrl + E〉组合键将它们合并，效果如图 7-27 所示。

图 7-25　立体相框效果

图 7-26　缩放风景图像

图 7-27　移动风景图像、
　　　　　合并图层

5）按下〈Alt〉键的同时，用移动工具移动相框，将其进行复制，生成一个新相框。再选中新相框，如图 7-28 所示。

图 7-28　复制生成新相框并将其选中

6）制作一个具有不同颜色和风景画面的新相框。用同样方法，再制作另外 5 个相框；按下〈Ctrl + T〉组合键，分别将各个风景相框旋转移动到合适位置，从而完成长江画廊的设计制作，最终效果如图 7-29 所示。

图 7-29　长江画廊效果图

7.3 强化训练——用图层混合模式合成画面

操作小提示:

1)制作背景图片时,要对图7-30和图7-31所示的素材图片进行"编辑"→"变换"→"水平翻转"处理。

图7-30 素材图片1

图7-31 素材图片2

2)图片合成时,图7-32所示的样本图中的地球图层混合模式要设置为"浅色"。

3)主题文字用"HSB噪点"滤镜进行处理。

图7-32 样本图

任务 8　设计制作车展招贴画

8.1　知识准备——蒙版及其应用

在图像合成过程中，也常用蒙版来柔化或消除各部分图像之间的边界线，使合成的画面自然融洽、天衣无缝。

8.1.1　蒙版的创建与编辑

蒙版也称为图层蒙版，用来保护被遮盖的区域。在 Photoshop CC 2015 中，若想对图像中某部分区域进行处理，可以用蒙版使被遮盖的区域不受任何编辑操作的影响。

在图像处理中蒙版的应用非常广泛，创建蒙版的方法也很多。这里先简单介绍以下几种方法。

1）按图 8-1 所示的方法，执行主菜单上的"图层"→"图层蒙版"→"显示全部"/"隐藏全部"命令，可以在图层面板中产生一个图层蒙版。

2）用图层面板上的"添加蒙版"按钮创建蒙版，如图 8-2 所示。

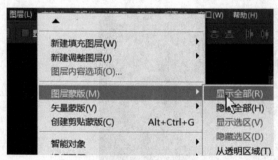

图 8-1　执行主菜单上的"图层"→　　　　图 8-2　用"添加蒙版"
"图层蒙版"命令创建蒙版　　　　　　　　按钮创建蒙版

3）单击工具箱中的快速蒙版工具 ▣ 可产生一个快速蒙版，如图 8-3 所示。注意，在快速蒙版模式下，该按钮变成"以标准模式编辑" ◉，如图 8-4 所示，单击该按钮时，即退出快速蒙版，进入以标准模式编辑。

图 8-3　用快速蒙版工具创建快速蒙版　　　　图 8-4　退出快速蒙版按钮

8.1.2 蒙版的应用

1. 淡化图像边缘或实现图层间的融合

当把几个反差比较大的图片进行合成时，在各部分图像间往往产生明显的边界线，用蒙版可以较为有效地淡化图像边缘，实现各图层间的融合。例如，在图 8-5 所示的画面中，两个图片间反差太大，采用蒙版消除边缘，可以收到较好的效果。具体方法如下。

在女童图层上建立一个图层蒙版，如图 8-6 所示。

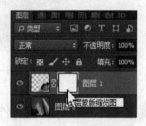

图 8-5　两个反差太大的图片　　　　　图 8-6　建立图层蒙版

选择画笔工具在女童头像四周的背景区域涂抹，擦除背景色，如图 8-7 所示。接着"应用图层蒙版"，女童头像与高楼背景自然融为一体，效果如图 8-8 所示。

图 8-7　用画笔工具涂抹背景　　　　　图 8-8　用蒙版合成图片的效果

2. 用快速蒙版抠图

快速蒙版常用来准确地选取图像。打开图 8-9 所示的图像，单击工具箱中的"以快速蒙版模式编辑"按钮 ，切换到快速蒙版编辑模式。

在快速蒙版编辑模式下，可以用绘图工具进行编辑，如用画笔工具或其他绘图工具将不需要选取的范围涂上颜色，这样就可以很准确地把图像选取出来，如图 8-10 所示。

图 8-9　素材图像　　　　　　　　　　　　　图 8-10　编辑快速蒙版

编辑完毕后，单击"以标准模式编辑"按钮 ▣ 切换为标准模式，此时就可以得到一个较为精确的选取范围，如图 8-11 所示。

图 8-11　用快速蒙版选取范围

8.2　实战演练——设计制作"名车荟萃"

本任务主要训练学生综合应用蒙版、选区羽化、图层混合模式、图层样式等功能进行图片合成，设计制作完整的图像作品的能力。

该实例主要采用图 8-12 ~ 图 8-14 所示的素材图片。

图 8-12　素材图片 1

图 8-13　素材图片 2

图 8-14　素材图片 3

8.2.1　合成背景画面

1）打开图 8-12 所示的图片作为背景。再打开图 8-13 所示的图片，并将其拖曳到背景中。用蒙版消除边缘，并进行"编辑"→"变换"→"水平翻转"处理，得到图 8-15 所示的效果。

2）打开图 8-14 所示的图片，整体拖曳到背景图中。按〈Ctrl + T〉组合键进行缩放，并移动至左上角，并将该图层名称改为 HM，如图 8-16 所示。

图 8-15　蒙版消除边缘的效果

图 8-16　按〈Ctrl + T〉组合键缩放图片

3）先按〈Ctrl + T〉组合键，当出现变形框时，在变形框左下角同时按住〈Ctrl〉键和鼠标左键，对该图片进行变形处理，如图 8-17 所示。

4）按〈Enter〉键确认变形后，在图层面板上为 HM 图层设置"投影"图层样式和"叠加"的混合图层模式，不透明度为 80%，效果如图 8-18 所示。

图 8-17　图片变形处理

图 8-18　设置"投影"图层样式和
"叠加"的混合图层模式

5）打开图 8-19 所示的素材图片，整体拖曳到背景图中。按〈Ctrl + T〉组合键进行缩放，并移动至左上角，将该图层名称改为 JC，并设置其图层样式为"投影"，不透明度为 68%，效果如图 8-20 所示。

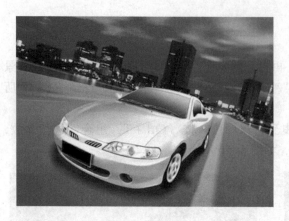

图 8-19　素材图片

图 8-20　设置"投影"图层样式

6）采用类似的方法，把图 8-21、图 8-22 所示的素材图片进行移动和设置，合成如图 8-23 所示的背景画面。

图 8-21　素材图片 1

图 8-22　素材图片 2

图 8-23　合成背景画面

8.2.2　设计制作标题文字

1）为了表现"名车荟萃"这一主题，采用"标志图片＋文字"的模式设计主题。用文字工具输入文字，进行栅格化，把该图层名修改为"名车荟萃"，并为其添加图层样式"投影""外发光"及"斜面和浮雕"，如图 8-24 所示。

2）用品牌标志修饰主题。分别打开图 8-25 所示的各个标志图片，应用魔棒工具或快速选择工具，依次选择各个标志，拖曳至背景画面中相应位置并进行缩放、添加图层样式和图层混合模式等处理，最终得到图 8-26 所示的效果。

图 8-24　主题文字

图 8-25　汽车标志图片

图 8-26　名车荟萃效果图

8.3　强化训练——用蒙版合成图片

综合应用蒙版、快速蒙版、多边形套索、羽化和 Eye Candy 4000 的玻璃滤镜等功能，用图 8-27 和图 8-28 所示的素材图片进行合成，设计制作一幅名为"憧憬"的图像作品，要求效果与图 8-29 所示的样本图一致。

图 8-27　素材图片 1

图 8-28　素材图片 2

图 8-29 样本图

操作小提示：

1）在图 8-28 所示的素材图片中提取女童头像时，可采用蒙版 + 画笔工具，擦掉女童头像以外的背景，女童头像与自然融合到一起。

2）女童图片进行了水平翻转处理。

3）主题文字添加了"玻璃滤镜"和"发光"图层样式。

单元小结

1）合成图像是由多个图层相结合而成的。每一个图层上可以放置不同的元素，通过对图层的编辑，可以创建出不同的合成效果。

2）灵活运用 Photoshop CC 2015 的选取工具和羽化功能，能够方便地进行图像合成。

3）图层混合模式中的柔光模式的作用效果是将上层图像以柔光的方式施加到下层。当底层图层的灰阶趋于高或低时，会调整图层合成结果的阶调趋于中间的灰阶调。在图片合成中适当加以应用，可以获得色彩较为柔和的合成效果。

4）图层蒙版是图片合成中最常用的工具，平常所说的蒙版一般是指图层蒙版。在要编辑的图层上添加一个蒙版，选用黑色画笔，涂抹要隐去的部分，可以使两个画面自然融合。

5）外挂滤镜 Eye Candy 4000 中的 HSB 噪点滤镜通过调节色度、饱和度及亮度，在选区内添加噪点，从而形成风格各异的噪点效果。

作业

1）应用本单元介绍的知识和技能，用图 8-30 ~ 图 8-32 所示的素材进行图片合成，设计制作一幅反映田园风光的图像作品，标题自定。

图 8-30　素材图片 1

图 8-31　素材图片 2

2）用图 8-33 所示的素材图片设计制作一个会员卡，要求完成的效果尽量与样本图 8-34 ～图 8-36 一致。

图 8-32　素材图片 3

图 8-33　素材图片

图 8-34　会员卡正面效果图

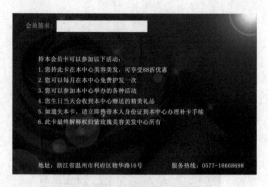

图 8-35　会员卡背面效果图

图 8-36　会员卡组合图

第 3 单元

图 形 制 作

【职业能力目标与学习要求】

Photoshop CC 2015 具有很强的图形制作功能。通过本单元的学习，要求达到以下目标：
1）能够熟练应用自定形状工具绘制路径和简单的图形。
2）熟练掌握图层和选区的基本操作方法。
3）能够对渐变工具、图层样式进行简单设置。
4）能够应用渐变工具、涂抹工具和高斯模糊工具制作图形的光感效果。

任务 9　设计制作 Logo

9.1　知识准备——形状工具

使用形状工具可以快速绘制出各种常规的或自定义的形状。值得一提的是，Photoshop CC 2015 增加了很多自定义的形状，利用它们用户能得到更加丰富的图像效果和路径。

9.1.1　Logo 简介

Logo 是标志、徽标或商标的英文说法，是企业形象传递过程中应用范围最广、出现频率最高的关键元素，起到对企业形象的识别和推广作用。在企业日常经营活动、广告宣传、文化建设和对外交流各领域随处可见 Logo 的影子，它的价值随着企业的成长而不断增长。

Logo 是方寸之间的艺术，好的标志设计，能将企业所追求的理想、主张通过特殊的图形固定下来，使人们在看到 Logo 标志的同时，自然地产生联想，从而对企业产生认同。在 Logo 的设计过程中要注意以下几个重要的原则。

1）独特性：商标一定要容易识别，具有独特的个性，能让人过目不忘。看上去似曾相识的、雷同的设计，一定不会给人留下深刻的印象。

2）原创性：商标设计贵在具有原创的理念与造型，只有原创的，才能经得起时间的考验，在公众心中留下独特的印象。原创既可以在原有事物、事件和场景中加入创意，推陈出新，也可以无中生有。

3）时代性：商标一定要注入时代品味，具有现代感。即使是富有历史传统的企业，也不可与时代脱节，也要启动潮流、继往开来，不能给人留下陈旧落后的印象。

4）地域性：商标一定要以本土为出发点，反映企业的历史背景，产品或服务背后的文化根源，要以本土文化为"意"，西方美学为"形"，来迎向国际化。

5）适用性：商标一定要适用于传播它的载体，其形状、大小、色彩和肌理，都要根据承载媒体的情况考虑周详，也可对商标作弹性的变通，增强商标的适宜用性。

9.1.2　形状工具选项栏介绍及模式选择

用鼠标单击工具箱中的▢，在菜单栏的下方会显示图 9-1 所示的形状工具选项栏。

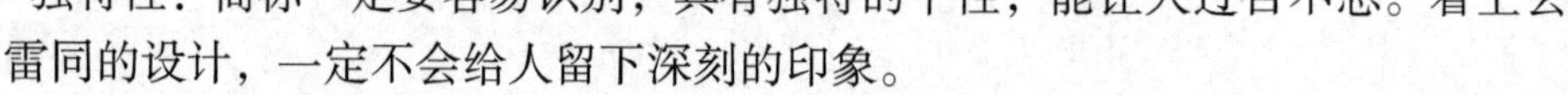

图 9-1　形状工具选项栏

单击上图中所示"像素"按钮，会出现形状、路径和像素 3 个选项。

形状：形状图层模式，用鼠标单击它，绘制出来的形状将会是一个图层蒙版。

路径：路径模式，用鼠标单击它，即可绘制出形状的路径（没有填充）。

像素：填充像素模式，用鼠标单击它，即可利用形状工具绘制出一幅位图。

⚙：用鼠标单击可以弹出图9-2所示的形状工具附加选项（此图是针对所选择的圆角矩形工具而显示的选项）。

半径：10 px：为选择的形状工具显示的一个选项（在本例中是显示圆角矩形的圆角半径）。

模式：正常：从一个混合模式的有限列表中选择一种，应用于画笔。

不透明度：100%：选择或输入填充颜色的透明度。

☑消除锯齿：选中该项，即给选区的边缘提供一个光滑表面。

形状工具在绘制时有3种模式可供选择，分别为形状图层模式、路径模式和填充像素模式，应用这些不同的模式所绘制出来的对象性质也不同。

工具箱上的形状工具共包含以下6个选项。

▭：矩形工具，绘制矩形和正方形。

▢：圆角矩形工具，绘制圆角矩形和圆角正方形。

⬭：椭圆工具，绘制椭圆和正圆。

⬡：多边形工具，绘制任意多边形。

╱：直线工具，绘制直线。

✿：自定义形状工具，绘制自定义的形状。

1. 创建形状图层

在图9-1所示的工具选项栏中单击"像素"选项，选择"形状"，再选择一种形状工具（这里选择圆角矩形），在图像上拖动鼠标即可绘制一个圆角矩形的形状图层。可将所绘制的圆角矩形看作是一个矢量图形，它不受分辨率的影响，并可以为其添加样式效果。

2. 创建工作路径

在图9-1所示的工具选项栏中单击"路径"选项，再选择一种形状（如这里选择圆角矩形），在图像上拖动鼠标即可绘制出圆角矩形路径（没有填充，如图9-3所示，对该路径的操作可在路径面板中完成。

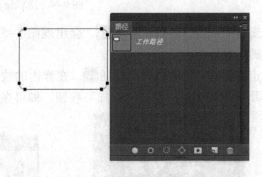

图9-2　几何选项　　　　　　　图9-3　创建工作路径

路径面板中主要按钮的功能如下：

◉：用前景色填充路径。选择路径后，单击该按钮，即可用前景色填充路径的内容。也可以单击路径面板右上角的 ▼≣ 按钮，选择"填充路径"，在弹出的"填充路径"对话框中对填充的颜色做进一步的设置。

◎：用画笔描边路径。选择路径后，单击该按钮，即可用画笔描边路径。也可以单击路径面板右上角的 按钮，选择"描边路径"，在弹出的"描边路径"对话框中做进一步设置。

◌：将路径作为选区载入。选择路径后，单击该按钮，即可将路径转换成选区。也可以单击路径面板右上角的 按钮，选择"建立选区"，在弹出的"建立选区"对话框中做进一步的设置。

◌：从选区生成工作路径。若当前图像中有选区，单击该按钮，可将选区转换成路径。

◻：创建新路径。单击该按钮，即可创建新的路径。

🗑：删除当前路径。选择路径后，单击该按钮，即可删除当前所选中的路径。

3. 创建图形

在图9-1所示的工具选项栏中单击"像素"选项，再选择一种形状（如这里选择圆角矩形），设置好前景色，在图像上拖动鼠标即可绘制以前景色填充的位图图像。

9.1.3 绘制规则图形

依次选择工具箱中形状工具的各种形状，即可绘制矩形、圆角矩形、椭圆、多边形和直线。其中在绘制圆角矩形时，可在"半径"选项栏中输入圆角半径的数值；在绘制多边形时，可在"边"选项栏中输入具体的边数。此外，按住〈Shift〉键可以直接绘制出正方形、正圆形；按住〈Alt〉键可以从中心向外放射性地绘制；按住〈Alt + Shift〉组合键，可以从中心向外放射性地绘制正方形或正圆形。

9.1.4 绘制自定义图形

单击工具箱中"自定义形状工具"按钮，该工具栏将显示出形状设置栏，如图9-4所示。

图9-4　形状设置栏

单击右侧的倒三角按钮 形状：→ ，会出现图9-5所示的自定义形状面板，这里存储着可供选择的各种形状。

单击面板右上侧的小圆圈按钮 ，在弹出的快捷菜单中单击"全部"命令，即可弹出图9-6所示的确认框，单击"追加"按钮，即可在形状面板中追加当前存储的全部形状。

图9-5　自定义形状面板

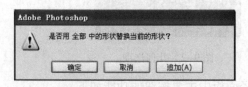

图9-6　追加形状图形确认框

如要绘制一个蝴蝶图形，只要在工具选项栏中单击"像素"和"自定义形状工具"按钮，并在图9-5所示的形状面板上单击蝴蝶形状，新建图层1，设置前景色为红色，在图像中拖动鼠标即可绘制出图9-7所示的红色蝴蝶图形。

图9-7　红色蝴蝶图形

9.2　实战演练——设计制作新春园艺博览会 Logo

本节介绍的新春园艺博览会 Logo 设计创意是使用简单的图形，抽象地表示花和草，从而使浏览者一看就能联想到博览会的主题——园艺。通过本节的学习，使学生在掌握 Logo 设计制作方法的同时，能够更加熟练地掌握形状工具的具体运用方法。

9.2.1　绘制 Logo 图形

1）新建一个大小为 330 像素 × 220 像素，分辨率为 72 像素/英寸，颜色模式为 RGB，背景颜色为白色，名称为 Logo 的文件。

2）新建图层 1，选择椭圆工具，在图9-8形状工具选项栏中，单击"像素"选项，在工具箱中将前景色设为红色（任意一种红色），绘制一个椭圆。

图9-8　形状工具选项栏

3）用魔棒工具选中该椭圆，执行"选择"→"变换选区"命令，在图9-9所示的变形工具栏中，设置 W 为70%、H 为70%，并不断按键盘上向下的方向键，将选区下移到如图9-10所示的位置后，按〈Enter〉键确定选区，再按〈Delete〉键将该选区清除，得到图9-11所示的环形椭圆。

图9-9　变换椭圆选区

图9-10　变换选区位置

图9-11　环形椭圆

4）选中图层 1，按〈Ctrl + T〉组合键，在图 9-9 所示的变形工具栏上设置 △ -60 度（旋转角度设为 -60°），并将其移到图 9-12 所示的位置。将图层 1 拖动到图层面板的"创建新图层"按钮 ☐ 上，得到图层 1 副本。选中图层 1 副本，按〈Ctrl + T〉组合键，将变形中心点移到图 9-13 所示的鼠标所指的位置，在变形工具栏上设置旋转角度为 60°，得到旋转效果如图 9-14 所示。

 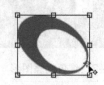 

图 9-12　旋转并移动环形椭圆　　图 9-13　移动变形轴点　　图 9-14　环形椭圆旋转效果

5）将图层 1 副本拖动到图层面板的"创建新图层"按钮 ☐ 上，得到图层 1 副本 2。选中图层 1 副本 2，按〈Ctrl + T〉组合键，将变形中心点移到图 9-15 所示的位置，在变形工具栏上设置旋转角度为 60°，得到旋转效果如图 9-16 所示。

6）按〈Ctrl〉键的同时，依次单击图层面板中的图层 1、图层 1 副本、图层 1 副本 2，用鼠标右键单击，选择"合并图层"命令，将这 3 个环形椭圆进行合并，并将合并后的图层重命名为"图层 1"。按〈Ctrl + T〉组合键，将合并后的环形椭圆旋转 -30°，并适当缩放其大小，得到图 9-17 所示的效果。

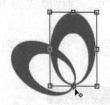  

图 9-15　调整变形轴点　　　　图 9-16　环形椭圆旋转效果　　　图 9-17　环形椭圆最终效果

7）新建图层 2，选择自定义形状工具，在图 9-4 所示的形状工具选项栏中单击"像素"选项和"自定义形状工具"按钮，在形状面板上选择图 9-18 所示的"草 2"形状，将前景色设为绿色（任意一种绿色），在图像空白处拖动鼠标得到"草 2"图形，用多边形套索工具勾选出图 9-19 的选区，按〈Delete〉键，将选区中的草清除，再按〈Ctrl + D〉组合键取消选区。

8）选中图层 2，执行"编辑"→"变换"→"水平翻转"，将图层 2 中的草水平翻转，然后按〈Ctrl + T〉组合键，将图层 2 中的草旋转 60°，并适当地调整其大小和位置，得到图 9-20 所示的效果。

图 9-18　选择"草 2"形状　　　图 9-19　多边形选区　　　图 9-20　草的显示效果

9.2.2　设置 Logo 图形的色彩

1）选中图层 1，按〈Ctrl〉键的同时，单击图 9-21 的鼠标所指的"图层缩览图"位置，选中环形椭圆，再选择渐变工具，设置渐变颜色如图 9-22 所示。用渐变工具沿着图 9-23 所示的方向拖动，得到环形椭圆颜色的填充效果如图 9-24 所示。

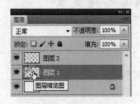

图 9-21　选择环形椭圆

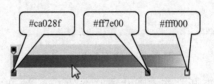

图 9-22　设置渐变颜色值

图 9-23　渐变工具的拖动方向

图 9-24　环形椭圆颜色填充效果

2）选中图层 2，按〈Ctrl〉键的同时，用鼠标单击图层 2 的"图层缩览图"位置，选中草图形，再选择渐变工具，设置渐变颜色如图 9-25 所示。用渐变工具沿着图 9-26 所示的方向拖动，得到草图形的填充效果如图 9-27 所示。

图 9-25　设置渐变颜色

图 9-26　渐变工具的拖动方向

至此，完成了新春园艺博览会 Logo 图形的绘制和颜色填充，其效果如图 9-28 所示。

图 9-27　草图形的填充效果

图 9-28　新春园艺博览会 Logo 的图形效果

9.2.3　添加 Logo 文字

1）选择文本工具，输入"新春园艺博览会"，设置字体为华文行楷、黑色、28 点、浑厚，将文字拖放到图 9-29 所示的位置。

2）用文本工具，输入"xin chun yuan yi bo lan hui"，注意各个字的拼音之间输入一个空格，设置字体为华文行楷、黑色、24 点、锐利，将文字拖放到图 9-30 所示的位置。

图 9-29　文字效果 1　　　　　　　　　　　　　　图 9-30　文字效果 2

3）至此，新春园艺博览会的 Logo 就设计完毕了，现使
用裁剪工具![icon]，裁剪掉 Logo 四周的空白区域，得到新春园
艺博览会 Logo 的最终效果，如图 9-31 所示。

注意：Logo 设计没有固定的尺寸大小，一般根据应用
的场合设计合适的大小，本案例只是介绍 Logo 的具体设计
与制作过程，读者可以等比例地设计该 Logo 图形。

图 9-31　新春园艺博览会
Logo 的最终效果图

9.3　强化训练——设计制作旅行社 Logo

结合以上介绍的 Logo 知识以及形状工具的操作方法，为豪泰旅行社设计制作图 9-32 所
示的 Logo。该 Logo 图案是由 H 和 T 两个字母构成的，其中 H 和 T 分别代表"豪"和"泰"
拼音的首字母。

操作步骤如下。

1）新建一个大小为 300 像素 ×250 像素，分辨率为 72 像素/英寸，名称为"旅行社 lo-
go"的文件。

2）新建图层 1，选择椭圆工具，在形状工具选项栏中，单击"像素"选项，将前景色
设为#1e5d92，绘制一个椭圆。用魔棒工具选中该椭圆，执行"选择"→"变换选区"命
令，调整选区的大小和旋转角度如图 9-33 所示。按〈Enter〉键确定，再按〈Delete〉键将
该选区清除，得到图 9-34 所示的弧形。

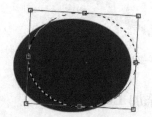

图 9-32　豪泰旅行社 Logo　　　　　　　　　图 9-33　调整选区的大小和旋转角度

3）将图层 1 拖放到图层面板的"创建新图层"按钮![icon]上，得到图层 1 副本，用选择工
具适当地调整图层 1 副本中弧形的位置，得到效果如图 9-35 所示。

图 9-34 删减选区得到弧形　　　　　图 9-35 调整复制弧形的位置效果

4）选中图层 1 副本，用多边形套索工具，勾选图 9-36 所示的多边形选区，按〈Ctrl + J〉组合键，将选区复制到图层 2，此时的图层面板如图 9-37 所示。确保图层 2 处于选中状态，按〈Ctrl + T〉组合键，将图层中的半段弧形旋转一定的角度后，再适当地放大其宽高，得到图 9-38 所示的效果。

　图 9-36 多边形选区　　　　图 9-37 图层面板　　　　图 9-38 图层 2 弧形效果

5）再次选中图层 1 副本，同样用多边形套索工具，勾选这一小段弧形，按〈Ctrl + J〉组合键，复制这一小段弧形到图层 3，此时的图层面板如图 9-39 所示。选中图层 3，按〈Ctrl + T〉组合键，将旋转角度设置为 180°，旋转后再适当地调整其大小，得到效果如图 9-40 所示。

6）选中图层 1 副本，按住〈Ctrl〉键，用鼠标单击图层 1 副本的图层缩览图，即可选中该图层中的弧形，将前景色设为#08c511，用油漆桶工具填充该选区，得到效果如图 9-41 所示。

　图 9-39 图层面板　　　　图 9-40 图层 3 弧形效果　　　　图 9-41 填充弧形颜色效果

7）选中图层 2，按住〈Ctrl〉键，用鼠标单击图层 2 的图层缩览图，即可选中该图层中的弧形。选择渐变工具，设置渐变颜色为预设的"橙，黄，橙渐变"，如图 9-42 所示。用线性渐变方式填充图层 2 中弧形，得到的效果如图 9-43 所示。

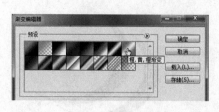
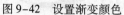

图 9-42 设置渐变颜色　　　　　　　　图 9-43 图层 2 弧形填充效果

8）先按住〈Ctrl〉键，单击图层 1 的图层缩览图，使图层 1 中的弧形处于选中状态，然后选中图层 2，按〈Delete〉键，删除图层 2 中与图层 1 重叠的那部分弧形，得到的效果如图 9-44 所示。

9）选中图层 1，再按住〈Shift〉键，单击图层 2，即可使图 9-39 所示的图层面板中除了背景图层以外的所有图层处于选中状态，接着用移动工具，即可将图 9-44 所示的 Logo 形状移到合适的位置。然后用文本工具，在 Logo 形状下方，输入"豪泰旅行社"文字，设置字体为隶书、30 点、浑厚、颜色为#1e5d92，得到效果如图 9-45 所示。至此，完成豪泰旅行社 Logo 的全部设计过程。

图 9-44 删除图层 2 与图层 1 重叠的弧形部分　　　　图 9-45 添加文字

任务 10 设计制作蓝宝石项链

10.1 知识准备——图层样式

Photoshop CC 2015 提供了多种图层样式，如投影、发光、斜面和浮雕等，利用这些图层样式可以方便快捷地改变图像的外观。此外，当一个对象应用了样式调板中的某个给定样式后，也可在"图层样式"对话框中对其参数进行更改。

10.1.1 "图层样式"对话框

在 Photoshop CC 2015 中，对图层样式的管理是通过图 10-1 所示的"图层样式"对话框来实现的。执行"图层"→"图层样式"→"混合选项"命令或者单击图层面板底部的"添加图层样式"按钮 fx，在下拉菜单中选择"混合模式"命令，即可弹出该对话框。

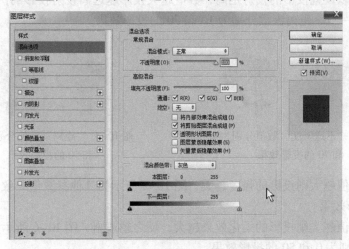

图 10-1 "图层样式"对话框

用鼠标单击对话框左侧样式栏里的某一样式，则该样式名称前的复选框被勾选，样式栏呈蓝色高亮显示状态，同时对话框右侧显示该样式的具体参数。如在图 10-1 中单击投影样式后，投影前面的复选框被勾选，投影样式栏呈高亮显示，同时"图层样式"对话框右侧呈现图 10-2 所示的投影的具体参数值，可在其中对投影参数进行更改。

1. 投影

在图 10-2"投影"图层样式对话框中对其参数进行适当的设置即可得到需要的投影效果。

"混合模式"：在下拉列表框中选择不同的混合模式，可以得到不同的投影效果，用鼠标单击右侧色块可对投影颜色进行设置。

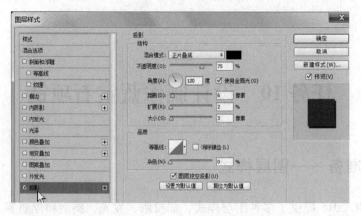

图 10-2 "投影"图层样式

"不透明度": 数值越大则投影效果越清晰,反之越淡,图 10-3 所示为其他参数值一致,不透明度参数分别为 10 和 70 的投影效果。

"角度": 输入数值或拨动轮盘指针,可以定义投影的投射方向。

"使用全局光": 勾选该复选框,所产生的光源作用于所有图层,取消选中该复选框,产生的光源只作用于当前编辑的图层。

"距离": 可以设置投影的投射距离,数值越大投影越远离投射投影的图像,图 10-4 所示为其他参数值一致,距离参数分别为 10 和 50 的投影效果。

图 10-3 "不透明度"数值分别为 10
和 70 的投影效果

图 10-4 "距离"数值分别为 10
和 50 的投影效果

"扩展": 数值越大则投影的强度越大,图 10-5 所示为其他参数值一致,扩展参数分别为 0 和 50 的投影效果。

"大小": 数值越大则投影的柔化效果越大,反之越清晰,图 10-6 所示为其他参数值一致,大小参数分别为 0 和 50 的投影效果。

图 10-5 "扩展"数值分别为 0
和 50 的投影效果

图 10-6 "大小"数值分别为 0
和 50 的投影效果

"等高线": 可以定义图层样式效果的外观,单击"等高线"下拉按钮,弹出图 10-7 所示的"等高线列表选择"调板,在调板中可以选择给定的等高线类型,图 10-8 所示为其他参数值一致,分别选择不同等高线所得的不同阴影效果。

106

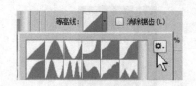

图 10-7 "等高线列表选择"调板

图 10-8 选择不同的等高线效果

"消除锯齿"：选择该复选框，可以使应用等高线后的投影更细腻。

2. 内阴影

使用"内阴影"图层样式，可以为非背景图层添加位于图层不透明像素边缘内的投影效果，使图层呈凹陷的外观效果，如图 10-9 所示。注意添加样式效果的图层不能是背景层，本例中图层面板如图 10-10 所示。由于"内阴影"图层样式对话框与"投影"图层样式对话框基本相同，这里就不再赘述。

图 10-9 应用"内阴影"后的效果

图 10-10 添加内阴影样式后的图层面板

3. 外发光

图 10-11 所示为"外发光"图层样式对话框，利用该对话框可为图层增加外发光效果，由于此对话框中的大部分参数与"投影"图层样式对话框相同，故在此仅讲解不同的参数。

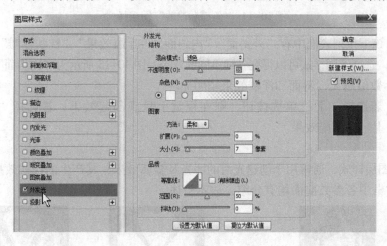

图 10-11 "外发光"图层样式

在此对话框中可以设置两种不同的发光方式，一种为纯色光，另一种为渐变式光。默认为纯色光，若要得到渐变式光，需要在"渐变类型"下拉列表中选择一种渐变效果，图 10-12为纯色发光效果，图 10-13 为渐变式发光效果。

图10-12　纯色发光效果　　　　　　　图10-13　渐变式发光效果

4. 内发光

使用"内发光"图层样式，可以为图像增加内发光效果，该样式的对话框与"外发光"图层样式对话框相同，故不赘述。

5. 斜面和浮雕

图10-14所示为"斜面和浮雕"图层样式对话框，利用该对话框可以创建具有斜面或浮雕效果的图像。

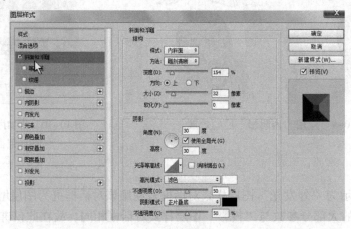

图10-14　"斜面和浮雕"图层样式

"样式"：该下拉列表框中有"外斜面""内斜面""浮雕效果""枕状浮雕"和"描边浮雕"5种样式，选择不同样式可以得到各种不同的效果，图10-15所示为"内斜面"样式效果。

"深度"：数值越大，斜面和浮雕效果越明显。

"方向"：若选择"上"单选按钮，则在视觉上呈现凸起效果；若选择"下"单选按钮，则在视觉上呈现凹陷效果。

6. 光泽

"光泽"图层样式，通常用于创建光滑的磨光及金属效果，其产生的样式效果如图10-16所示。其对话框中各参数前面均有介绍，故不赘述。

图10-15　"内斜面"样式效果　　　　图10-16　"光泽"样式应用前后的效果对比

108

7. 颜色叠加

使用"颜色叠加"图层样式，可以为图层叠加某种颜色，在其对话框中设置一种颜色，并选择所需要的混合模式及不透明度即可。

10.1.2 更改既定的图层样式

执行"窗口"→"样式"命令，即可弹出图10-17所示的样式面板。选中要添加样式的对象，用鼠标单击面板中所需样式，即可将该样式应用到对象中，并可在"图层样式"对话框中对该样式进行更改。

如对花的形状应用了样式面板中的"带投影的红色凝胶"样式，如图10-18所示。其图层面板就会显示图10-19所示的样式效果，这时如果用鼠标双击图层面板中的某一样式，就会弹出该样式相对应的对话框，在该对话框里即可对该样式进行各项参数的修改

图10-17　样式面板

操作。（注意：这里花的形状不能直接绘制在背景层上，而要新建一个图层进行绘制。）

图10-18　花图形的样式效果　　　图10-19　添加样式效果后的图层面板

10.2 实战演练——蓝宝石项链制作实例

本节通过蓝宝石项链的制作实例，使学生掌握图层样式的使用技巧和方法，训练学生综合运用各种图层样式的能力。

10.2.1 绘制蓝宝石

1）新建一个大小为500像素×400像素，分辨率为72像素/英寸，颜色模式为RGB，背景颜色为白色，名称为"蓝宝石项链"的文件。

2）新建图层1，用椭圆选框工具绘制一个椭圆，用白色填充该椭圆。执行"窗口"→"样式"命令，弹出样式面板，单击样式面板右上角的按钮，在弹出菜单中选择"Web样式"，此时样式面板上即可添加各种水晶效果的样式按钮，如图10-20所示。

3）确保图层1椭圆处于选中状态，用鼠标单击样式面板中的"蓝色凝胶"样式，效果如图10-21所示。

4）由于效果不是很真实，需要调整一下样式的参数。在图层面板中，用鼠标双击图层1，弹出图层样式面板，在图层样式面板的左侧样式栏中分别选择"内阴影""内发光""斜面和

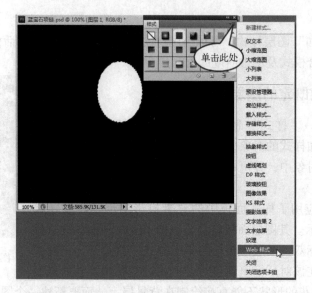

图 10-20 绘制椭圆并调出样式调板

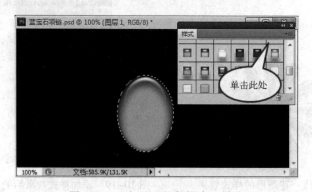

图 10-21 应用"蓝色凝胶"样式

浮雕""光泽"以及"颜色叠加"样式。在"图层样式"对话框右侧分别对这些样式的具体
参数作相应的设置,分别如图 10-22 ~ 图 10-26 所示,最终得到图 10-27 所示的蓝宝石效果。

图 10-22 "内阴影"参数设置

图 10-23 "内发光"参数设置

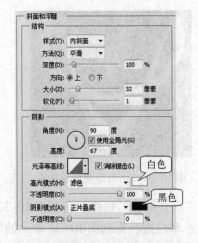

图 10-24 "斜面和浮雕"参数设置

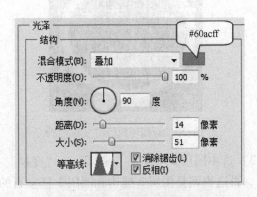

图 10-25 "光泽"参数设置

图 10-26 "颜色叠加"参数设置

图 10-27 蓝宝石最终效果

10.2.2 绘制挂钩

1）新建图层2，用椭圆选框工具绘制一个椭圆，用白色填充，执行"选择"→"修改"→"收缩"命令，将其收缩量设为10像素，按〈Delete〉键删除选区，得到图10-28所示的圆环，用鼠标单击样式面板中的"水银"样式，得到图10-29所示的样式效果。

图 10-28 绘制圆环

图 10-29 设置圆环样式效果

2）执行"编辑"→"变换"→"变形"命令，沿着图10-30的箭头方向拖动变形工具，得到图10-31所示的效果。

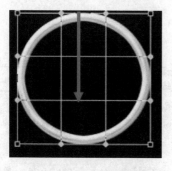

图 10-30　对圆环执行"变形"命令　　　　图 10-31　由圆环变形成挂钩

3）选中图层 2，执行"编辑"→"变换"→"垂直翻转"命令，得到图 10-32 所示的效果，再适当调整图层 2 挂钩和图层 1 蓝宝石的大小和位置，得到图 10-33 所示的效果。

图 10-32　垂直翻转后的挂钩　　　　图 10-33　挂钩和蓝宝石组合效果

10.2.3　绘制链条

1）新建图层 3，用钢笔工具绘制链条形状如图 10-34 所示，执行"窗口"→"画笔"命令，在调出的画笔面板中将画笔的参数进行如图 10-35 所示设置。

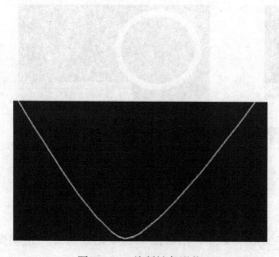

图 10-34　绘制链条形状

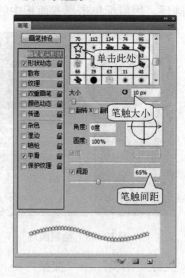

图 10-35　设置画笔参数

2）将前景色设为白色，在路径面板中单击"用画笔描边路径"按钮，再选中路径，用鼠标右键单击将其删除，得到图10-36所示的效果。在图层面板中，用鼠标双击图层3的链条图层，在"图层样式"对话框中设置"外发光"与"斜面和浮雕"效果，具体参数设置如图10-37和图10-38所示，得到的链条效果如图10-39所示。

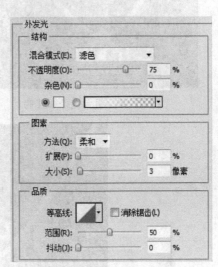

图10-36　用预先设置的画笔描边路径　　　　　图10-37　"外发光"参数设置

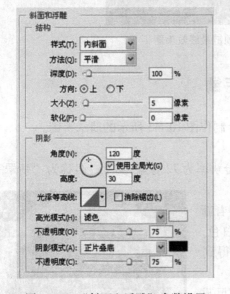

图10-38　"斜面和浮雕"参数设置　　　　　图10-39　链条最终效果图

3）移动链条到图10-40所示的位置，为了显示链条穿过钩子的效果，用橡皮擦擦除图10-41所示位置的链条部分，最终得到图10-42所示的蓝宝石项链效果图。

图 10-40　组合链条和挂钩

擦除此处

图 10-41　擦除被遮的挂链部分

图 10-42　蓝宝石项链最终效果图

10.3　强化训练——设计制作翡翠手镯

应用以上所学的图层样式的相关知识，设计制作图 10-43 所示的翡翠手镯。

操作步骤如下。

1）新建一个大小为 500 像素×500 像素，分辨率为 72 像素/英寸，名称为"翡翠手镯"的文件。

2）用油漆桶工具将背景层填充为黑色。接着新建图层 1，设置前景色为#1b9902，背景色为白色，执行"滤镜"→"渲染"→"云彩"命令，得到图 10-44 所示的云彩效果。

3）执行"视图"→"标尺"命令，将标尺显示出来，从标尺上拉出两条辅助线，其交点为图像的中心点。选择椭圆选框工具，按住〈Shift + Alt〉组合键，从辅助线的交点出发，拖动鼠标得到一个正圆选区。执行"选择"→"反向"命令，再按〈Delete〉键删除选区中的对象，得到图 10-45 所示的正圆效果。

图 10-43　翡翠手镯效果图

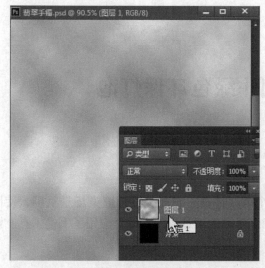

图 10-44　云彩效果

图 10-45　正圆效果

4）按住〈Shift + Alt〉组合键，再次用椭圆选框工具从辅助线的交点出发，拖动鼠标得到一个比步骤 3）小一点的选区，直接按〈Delete〉键删除选区中的对象，得到图 10-46 所示的圆环效果。删除辅助线（将辅助线往标尺上拖曳，即可将其删除），再一次执行"视图"→"标尺"命令，去除标尺。

5）用鼠标双击图层面板中的图层 1，在弹出的"图层样式"对话框中勾选"斜面和浮雕"与"等高线"，设置"斜面和浮雕"的具体参数值如图 10-47 所示，即可得到图 10-43 所示的翡翠手镯的最终效果。

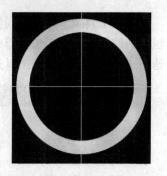

图 10-46　圆环效果

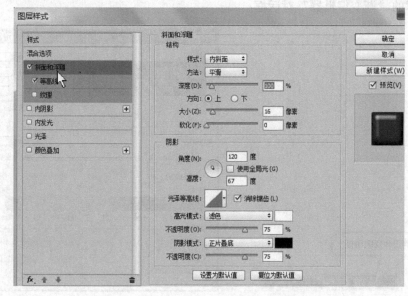

图 10-47　"斜面和浮雕"参数设置

任务 11　设计制作绿色环保灯泡

11.1　知识准备——光感效果处理

光感效果处理是 Photoshop 软件优势的一个重要体现，它能很好地渲染场景氛围，使图片看起来更逼真。在本任务的绿色环保灯泡光感效果处理过程中就综合应用了钢笔工具、渐变工具和高斯模糊工具。

11.1.1　渐变工具

渐变工具用于创建不同颜色间的混合过渡效果，巧妙使用该工具，可使设计作品得到意想不到的效果。单击工具箱中油漆桶工具右下角的三角图标，选择渐变工具 ，此时工具选项栏上就会出现渐变工具选项栏，如图 11-1 所示。

图 11-1　渐变工具选项栏

1. 实色渐变

在渐变工具选项栏上选择任意渐变类型，用鼠标单击图 11-2 所示的渐变编辑框，弹出图 11-3 所示的"渐变编辑器"对话框。

图 11-2　单击渐变编辑框　　　　图 11-3　"渐变编辑器"对话框

116

在"渐变编辑器"的"预设"栏中单击任意一种渐变，即可用该渐变色填充对象或是基于该渐变色来创建新的渐变色。如在图11-3中，单击"预设"栏的"色谱"渐变，则"渐变编辑器"对话框即可显示该"色谱"的渐变条，如图11-4所示。

图11-4　设置色谱渐变

对于色标，可进行以下几种操作。

1）在渐变条下边缘空白处单击，即可添加色标；用鼠标左键按住色标不放，将其往下拖动即可删除色标。

2）要改变色标的颜色，则用鼠标双击要更改颜色的色标，在弹出图11-5所示的拾色器中选取一种颜色。若要精确地选择一种颜色，可以在拾色器的 # ff0000 中输入具体的颜色值，图11-6所示就是黑白的渐变颜色设置。此外，单击"颜色"右侧的三角按钮，可以选择前景色或背景色作为色标的颜色。

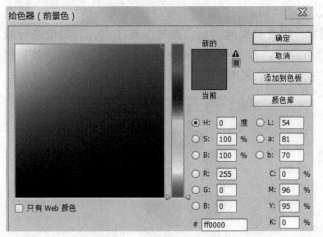

图11-5　"拾色器"对话框

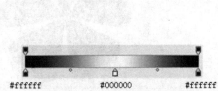

图11-6　黑白渐变颜色设置

3）要调整色标的位置，按住鼠标左键将色标拖曳到渐变条的目标位置上。

2. 透明渐变

在Photoshop中，除了可以创建上述不透明的实色渐变外，还可以创建具有透明效果的渐变。

对于透明度色标，可以进行以下几种操作。

1）用鼠标单击图11-7所示的透明度色标，在"不透明度"数值框中输入数值以定义其不透明度。

2）在渐变条上边缘空白处单击，即可添加透明度色标；用鼠标左键按住透明度色标不放，将其往上拖动即可删除色标。

3）若要控制两个透明度色标间的过渡效果，可以拖动两个色标中间的菱形滑块。

图 11-7　设置透明度色标

11.1.2 颜色工具

颜色工具主要是用来控制图像特定区域的曝光度和饱和度，包括减淡工具🔍、加深工具🖐和海绵工具🖐。

1. 减淡工具

减淡工具可以改变图像曝光度使其变亮，单击工具箱的"减淡工具"按钮🔍，则在工具选项栏上呈现图 11-8 所示的减淡工具选项栏。

图 11-8　减淡工具选项栏

在减淡工具选项栏上，通过设置"画笔"主直径的大小来确定减淡工具的笔触大小。用鼠标单击"范围"下拉列表框，可以选择"阴影""高光"和"中间调"3 个选项。可在"曝光度"框中更改曝光数值，其值越大，曝光效果越明显。此外还要注意，对图像进行减淡时，每次用减淡工具涂抹后都要松开再涂抹，若是不松开而连续涂抹的话，则减淡效果表现不出来。图 11-9 所示是减淡工具使用前后的效果对照图。

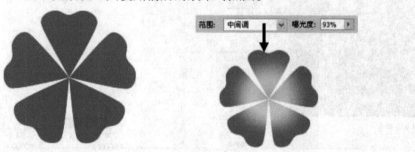

图 11-9　减淡工具使用前后的效果对照图

2. 加深工具

加深工具🖐也是用来改变图像曝光度的，但是它的作用与减淡工具正好相反，每次涂抹都会使图片变暗。单击工具箱"减淡工具"按钮右下角的三角标，选择加深工具，则选项工具栏上显示的加深工具参数与上述的减淡工具参数完全一致，这里就不再赘述了，图 11-10 所示是加深工具使用前后的效果对照图。

3. 海绵工具

海绵工具🖐可以更改选择区域的色彩饱和度，单击工具箱"减淡工具"按钮右下角的三角标，选择海绵工具，则在工具选项栏上呈现图 11-11 所示的海绵工具选项栏。

在海绵工具选项栏的"模式"下拉列表中选择"去色"选项，可以降低图像的饱和度，选择"加色"选项，可以提高图像饱和度。图 11-12 所示是海绵工具使用前后的效果对照图。

图 11-10　加深工具使用前后的效果对照图

图 11-11　海绵工具选项栏

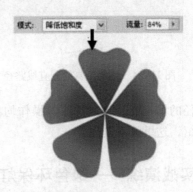

图 11-12　海绵工具使用前后的效果对照图

11.1.3　高斯模糊滤镜

高斯模糊可以精确控制图像的模糊程度，执行"滤镜"→"模糊"→"高斯模糊"命令，将弹出"高斯模糊"对话框。图 11-13 所示为图像高斯模糊前后的效果对照图。

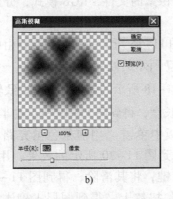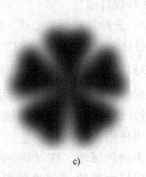

a)　　　　　　　　　　　　b)　　　　　　　　　　　　c)

图 11-13　"高斯模糊"对话框及图像高斯模糊前后的效果对照图
a) 原图像　b)"高斯模糊"对话框　c) 高斯模糊后的图像

11.1.4　钢笔工具

绘制直线路径：用鼠标单击钢笔工具 ![钢笔工具图标]，在钢笔工具属性栏中选择"路径"按钮。在图像中单击绘制第1个锚点，移动鼠标到图像中另一个位置单击绘制第2个锚点，再移动鼠标到图像中其他位置单击绘制第3个锚点，以此类推，如图11-14所示。

锚点未选中时，呈空心正方形；选中时，呈实心正方形。在图11-14的基础上，将鼠标移动到第1个锚点时，会在钢笔工具右下角出现小圆形标志，这时单击即可封闭路径。

绘制曲线路径：用钢笔工具单击绘制第一个锚点，移动鼠标到图像中另一个位置单击并且拖动第2个锚点，即可绘制一条曲线路径，若想封闭路径，其操作方法和封闭直线路径一样，如图11-15所示。

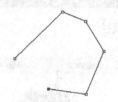　　　　　　　　　　

图11-14　钢笔工具绘制直线路径　　　　图11-15　钢笔工具绘制曲线路径

对路径的填充或转换成选区等操作均在路径面板中完成，在任务8设计制作Logo部分已进行介绍，这里就不赘述。

11.2　实战演练——绿色环保灯泡制作实例

本节通过制作绿色环保灯泡实例，训练学生综合运用渐变工具、颜色工具和高斯模糊工具等来处理光感效果的能力。

11.2.1　设计灯泡轮廓

1）新建一个500像素×500像素的文件，RGB模式，分辨率为72像素/英寸，名称为"绿色环保灯泡"。

2）选择径向渐变工具，用图11-16所示的渐变色沿着由中心向左下角的方向对背景层进行径向渐变填充，得到图11-17所示的效果。

3）先用钢笔工具勾画出图11-18所示的半个灯泡的大致轮廓，再用直接选择工具 ![工具图标] 调节锚点的位置和各锚点曲线柄的长度，得到图11-19所示的半个灯泡的精确轮廓。

4）新建图层1，在路径面板中单击"用前景色填充路径"按钮（注：这里的前景色可以使用任意一种颜色），得到图11-20所示的效果。用矩形选框工具框选半个灯泡右边多余的区域，按〈Delete〉键，将其清除，得到图11-21所示的效果。将图层1拖放到图层面板的"创建新图层"按钮上，得到图层1副本。对图层1副本，执行"编辑"→"变换"→"水平翻转"命令，再适当调整其位置，即可得到图11-22所示的灯泡形状。

120

图 11-16　渐变颜色设置

#e0f4fe　　　　#3f8fb5　　　#045479

图 11-17　径向填充

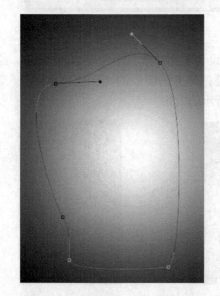

图 11-18　半个灯泡的大致轮廓

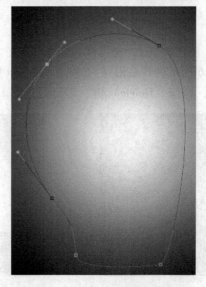

图 11-19　半个灯泡的精确轮廓

图 11-20　用前景色填充路径

图 11-21　删除多余选区

图 11-22　灯泡的形状

5）合并图层1和图层1副本，并将合并后的图层重新命名为图层1。复制图层1，将复制得到的图层命名为"灯泡轮廓"，再将图层1隐藏以作备用，此时的图层面板如图11-23所示。

6）按住〈Ctrl〉键，单击"灯泡轮廓"图层的"图层缩览图"，得到灯泡选区，按〈Delete〉键，将填充色删除。再执行"编辑"→"描边"命令，用图11-24所示的设置进行描边，得到图11-25所示的灯泡轮廓效果。

图11-23　图层面板

图11-24　描边设置

7）新建图层2，选择圆角矩形工具，将模式设为填充像素，半径设为30像素，绘制出图11-26所示的灯头形状。这时，按住〈Ctrl〉键，单击图层1的"图层缩览图"，得到灯泡选区，再按〈Delete〉键，即可得到图11-27所示的效果。

图11-25　灯泡轮廓效果

图11-26　灯头形状

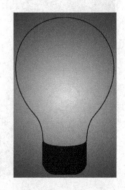

图11-27　灯头修剪后的形状

8）按住〈Ctrl〉键，用鼠标单击图层2的"图层缩览图"，得到灯头选区，用图11-28所示的渐变色，由左往右对该选区进行线性渐变填充，得到图11-29所示的效果。

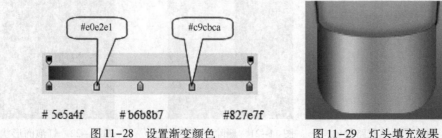

图11-28　设置渐变颜色

图11-29　灯头填充效果

9）在灯头下用钢笔工具绘制一个如图 11-30 所示的形状，将路径转换为选区，新建图层 3，用图 11-31 所示的渐变色，由上往下进行线性渐变填充，得到图 11-32 所示的效果。

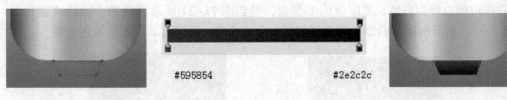

#595854　　　　#2e2c2c

图 11-30　绘制路径　　　　图 11-31　设置渐变色　　　　图 11-32　填充效果

10）合并图层 2 和图层 3，将合并后的图层命名为"灯头"，此时的图层面板如图 11-33 所示。至此，完成了灯泡整体外形的设计，效果如图 11-34 所示。

图 11-33　图层面板　　　　　　图 11-34　灯泡整体外形

11.2.2　设计灯泡的发光效果

1）按住〈Ctrl〉键，单击图层 1 的"图层缩览图"，得到灯泡选区，执行"选择"→"修改"→"收缩"命令，将收缩量设为 3。再新建图层 2，执行"编辑"→"描边"命令，同样用图 11-24 所示的设置进行描边，得到图 11-35 所示的效果。对图层 2 执行"滤镜"→"模糊"→"高斯模糊"命令，将高斯模糊的半径设为 3，得到图 11-36 所示的效果。

图 11-35　图层 2 的描边效果　　　　图 11-36　图层 2 的高斯模糊效果

2）按住〈Ctrl〉键，单击图层1的"图层缩览图"，得到灯泡选区，执行"选择"→"修改"→"收缩"命令，将收缩量设为30。再新建图层3，执行"编辑"→"描边"命令，将描边颜色设为白色，宽度设为1像素，得到图11-37所示的效果。执行"滤镜"→"模糊"→"高斯模糊"命令，将高斯模糊半径设为7，得到图11-38所示的效果。

图11-37　图层3描边效果

图11-38　高斯模糊效果

3）在图层面板双击图层3，在弹出的"图层样式"对话框中，选择"外发光"效果，设置外发光参数。图11-39所示，发光颜色为白色，大小为30像素，等高线为"内凹–深"，得到灯泡效果如图11-40所示。

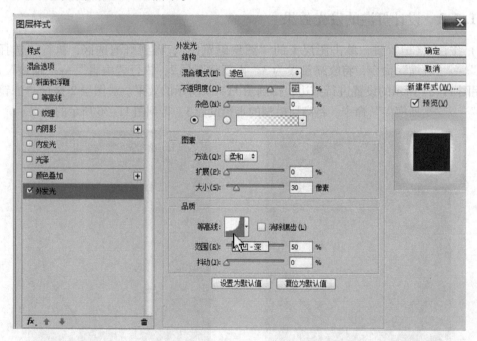

图11-39　设置"外发光"参数

4）新建图层4，用钢笔工具绘制图11-41所示的路径，将路径转换为选区，用图11-42所示的渐变颜色，沿着图11-43所示的方向进行线性渐变填充。

124

图 11-40　灯泡效果

图 11-41　绘制路径 1

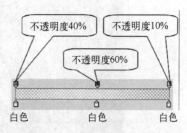

图 11-42　设置渐变颜色 1

5）按〈Ctrl + D〉组合键取消选区，在图层面板中将图层 4 的不透明度设为 40%，得到图 11-44 所示的灯泡反光效果。新建图层 5，在灯泡反光上方用椭圆选框工具绘制一个小椭圆选区，将选区的羽化值设为 1，用白色进行填充。执行"滤镜"→"模糊"→"高斯模糊"命令，将高斯模糊半径设为 5，得到小椭圆的高光效果如图 11-45 所示。

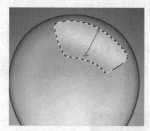

图 11-43　填充渐变效果 1

图 11-44　灯泡反光效果

图 11-45　小椭圆高光效果

6）新建图层 6，用钢笔工具绘制图 11-46 所示的路径，将路径转换为选区，用图 11-47 所示的渐变颜色，由上往下进行线性渐变填充，再执行"滤镜"→"模糊"→"高斯模糊"命令，将高斯模糊半径设为 2，得到图 11-48 所示的效果。

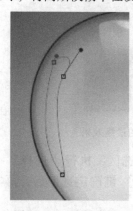

图 11-46　绘制路径 2

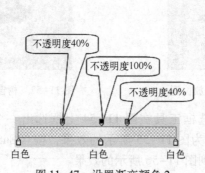

图 11-47　设置渐变颜色 2

图 11-48　渐变填充效果 2

7）先选中"灯泡轮廓"图层，再选择橡皮擦工具，设置橡皮擦的硬度为 0，大小为 37，不透明度为 32%，擦除图 11-49 所示的位置，擦除的次数根据需要而定，擦除次数越多，轮廓线就越淡，擦除后的效果如图 11-50 所示。

图 11-49　需要擦除的位置　　　　　　　　　　图 11-50　擦除部分轮廓后的效果

8）执行"文件"→"打开"命令，打开素材包中的"树苗.psd"文件，用移动工具将树苗图片拖放到"绿色环保灯泡"的文件中，并将图层 7（即树苗所在的图层）移到"灯泡轮廓"图层的下方，再适当调整其大小和位置，得到图 11-51 所示的效果。

9）选择图层 7，按〈Ctrl〉键，单击图层 1 的"图层缩览图"，调出灯泡选区，再执行"选择"→"反向"，即可将灯泡之外的树苗图片删除，得到的效果如图 11-52 所示。

10）新建图层 8，用椭圆选框工具绘制一个椭圆，用图 11-53 所示的渐变色填充，得到图 11-54 所示的效果。

图 11-51　树苗摆放位置　　　　　　　　　　图 11-52　树苗的最终效果

11）选中图层 8，用椭圆选框工具在图 11-54 上框选出一个选区，执行"选择"→"变换选区"命令，将选区变换为图 11-55 所示的效果，按〈Enter〉键确定选区后，再按〈Delete〉键，将选区删除，得到图 11-56 所示的效果。

12）选中图层 8，按〈Ctrl + T〉组合键，将图 11-56 所示的椭圆弧旋转一定的角度（旋转 -3°即可），再适当地调整其宽高和位置，得到图 11-57 所示的效果。

13）将图层 8 拖放到图层面板的"创建新图层"按钮上，复制得到图层 8 副本，选中图层 8 副本，按键盘上的向下方向箭头 11 次（具体按几次根据所需的椭圆弧间距而定），即可得到图 11-58 所示的效果。重复两次相同的操作，得到灯头的最终效果如图 11-59 所示。至此，完成了绿色环保灯泡发光效果的全部制作过程。

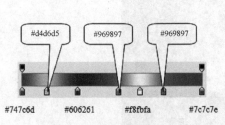

图 11-53　设置渐变颜色

图 11-54　椭圆的渐变填充效果

图 11-55　变换椭圆选区

图 11-56　椭圆被删除后的效果

图 11-57　椭圆弧的变形效果

图 11-58　复制椭圆弧

图 11-59　灯头最终效果

11.2.3　设计灯泡阴影效果

在"背景"图层上方新建一个图层，用椭圆选框工具绘制一个椭圆选区，将该选区的羽化值设为 20 像素。选择渐变工具，用从黑色到 # 696b6b 颜色径向渐变填充该选区，得到图 11-60 所示的效果。接着适当调整该椭圆的大小和位置，再设置该图层的不透明度为 70%，即可得到图 11-61 所示的灯泡阴影效果。

图 11-60　填充椭圆选区

图 11-61　灯泡阴影效果

至此，完成绿色环保灯泡的全部制作过程，得到最终效果如图 11-62 所示。

图 11-62　绿色环保灯泡最终效果

11.3　强化训练——设计制作水晶播放按钮

结合本任务所学的知识，应用画笔、渐变和高斯模糊等工具绘制图 11-63 所示的水晶播放按钮。

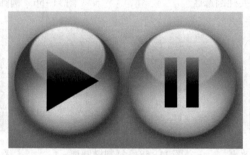

图 11-63　水晶播放按钮

操作小提示：

1）在图层 1 上绘制一个蓝色正圆，在图层 2 用白色的模糊笔触画笔在正圆选区内涂画，将涂画好的图层 2 上移一小段距离如图 11-64 所示。

2）在图层 3 上绘制椭圆，再对椭圆应用高斯模糊效果，如图 11-65 所示。

图 11-64　按钮绘制过程一　　　　　图 11-65　按钮绘制过程二

3）在图层 3 下面新建图层 4，绘制向右三角形，如图 11-66 所示。

图 11-66　按钮绘制过程三

4）复制该按钮的所有图层，对其进行修改，即可得到图 11-63 所示的水晶播放按钮。

单元小结

1）使用 Photoshop CC 2015 的形状工具可以快速绘制出矩形、圆形、多边形、直线及各种自定义的形状。

2）使用图层功能，可以将图像不同组成部分放置在不同的图层中，切记上层图像内容会覆盖下层图像内容。

3）选区的操作有"新选区""添加到选区""从选区减去"和"与选区交叉"。

4）Photoshop CC 2015 提供了多种图层样式，如投影、发光、斜面和浮雕等，利用这些图层样式可以方便快捷地改变图像的外观。

5）应用 Photoshop CC 2015 的渐变工具、颜色工具、涂抹工具和高斯模糊工具来设计逼真的光感效果。

作业

结合本单元所学的图层和选区知识，绘制图 11-67 所示的 Logo 标志。

操作小提示：

① 执行图层复制、图层上下排列顺序操作。

② 灵活应用选区的添加和减去操作。

③ 应用自定义形状工具绘制白鸽图形。

图 11-67　Logo 标志

第4单元

数码后期制作

【职业能力目标与学习要求】

随着数码相机的普及，当今社会已经进入了一个数码照片的时代，越来越多的人希望能够利用计算机软件对自己拍摄的数码照片进行修饰和艺术处理。本单元主要介绍常用的数码照片处理方法和修饰技巧。

1）掌握常用的数码照片后期制作方法。

2）能够绘制和编辑路径，并能熟练地填充路径和描边路径。

3）能够熟练进行路径与选区的转换。

4）掌握剪贴蒙版的制作方法。

5）熟练运用快速选择工具制作选区。

任务12　儿童写真制作

12.1　知识准备——填充路径和描边路径

12.1.1　填充路径

运用钢笔工具或自定义形状工具绘制闭合路径后,即可对路径进行填充,方法如下。

1)选择工具箱中的自定义形状工具,并在其属性栏中进行图12-1所示的设定,选择"路径"模式,在窗口中拖曳鼠标得到图12-2所示的路径。在路径面板右上角的弹出菜单中选择"存储路径"命令将路径存储起来。

图12-1　属性栏设置

2)将前景色设置为红色,单击路径面板中的"用前景色填充路径"按钮 ,结果如图12-3所示。

图12-2　绘制路径　　　　　　　图12-3　填充路径

12.1.2　描边路径

描边路径和工具箱中所选的工具及画笔的大小和形状有关。如要对图12-2所示的路径进行描边,其方法如下。

1)在使用"描边路径"命令前,需要先对描边的工具进行各项设定。例如,若选择画笔工具进行描边操作,首先在工具箱中选择画笔工具,然后在画笔面板中选择画笔的大小,如果要加一个较柔的边,就选择较软的画笔。

2)在路径面板右上角的弹出菜单中选择"描边路径"命令,或按住〈Alt〉键的同时用鼠标单击路径面板中的图标 ○，会弹出"描边路径"对话框，如图 12-4 所示。

3）在"描边路径"对话框中选择"画笔"选项，然后单击"确定"按钮，沿路径边缘就会出现一个边，如图 12-5 所示。此边的颜色和工具箱中的前景色相同，粗细及软硬的程度由画笔面板中所选的画笔来决定。

图 12-4 "描边路径"对话框

图 12-5 描边效果

12.2 实战演练——宝贝相册制作实例

综合应用 Photoshop CC 2015 的路径命令、描边命令、图层混合模式、滤镜、自定义形状工具和图层样式等各种操作，来制作亲亲宝贝的摄影图片。

打开图 12-6 ~ 图 12-8 所示的素材图片。

图 12-6 宝宝图片 1

图 12-7 宝宝图片 2

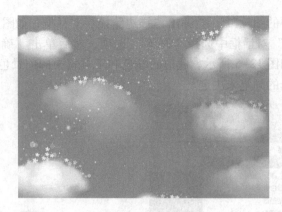

图 12-8　白云

12.2.1　制作底图

1）新建文档。执行"文件"→"新建"命令或按〈Ctrl + N〉组合键，弹出"新建"对话框，设置文档名称为"亲亲宝贝"，宽度为 29.7 厘米，高度为 21 厘米，颜色模式为 RGB，分辨率为 300 像素/英寸，背景颜色为白色，单击"确定"按钮。

2）选择渐变工具，单击属性栏中的"编辑渐变"按钮，弹出"渐变编辑器"对话框，将渐变色设为从天蓝色（R 为 10，G 为 165，B 为 230）到浅蓝色（R 为 230，G 为 240，B 为 250），如图 12-9 所示。单击"确定"按钮。在属性栏中选择"线性渐变"按钮，按住〈Shift〉键的同时，由上至下拖曳渐变，效果如图 12-10 所示。

图 12-9　"渐变编辑器"对话框

图 12-10　渐变填充

3）打开图 12-8 所示的素材图片，选择移动工具，将该素材图片拖曳到新建文件中，调整其位置和大小，并将其图层的"混合模式"设置为"点光"，效果如图 12-11 所示。

4）新建图层并将其命名为"格子"，选择矩形工具，在属性栏中选择"路径"按钮，按住〈Shift〉键的同时，在图像窗口中绘制路径，效果如图12-12所示。

图12-11 导入白云

图12-12 绘制路径

5）选择路径选择工具，选取路径，按住〈Alt + Shift〉组合键的同时，水平向右拖曳鼠标复制路径。用相同的方法复制多个路径，效果如图12-13所示。

6）选取路径选择工具，用圈选的方法将路径同时选中，单击属性栏中的"水平居中分布"按钮，对齐路径，效果如图12-14所示。再次单击属性栏中的"组合"按钮，组合路径。

图12-13 复制路径

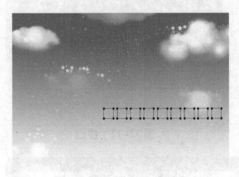

图12-14 对齐路径

7）选择路径选择工具，选取路径，按住〈Alt + Shift〉组合键的同时，垂直向下拖曳鼠标复制路径。用相同的方法复制多个路径，单击属性栏中的"垂直居中分布"按钮，对齐路径，效果如图12-15所示。

8）在选中路径的状态下，按〈Ctrl + Enter〉组合键，将路径转换成选区，选择矩形选框工具，在选区内单击鼠标右键，在弹出的菜单中选择"描边"命令，在弹出的对话框中将描边颜色设置为淡粉色（R为246，G为150，B为190），其他选项的设置如图12-16所示。单击"确定"按钮。按〈Ctrl + D〉组合键，取消选区，效果如图12-17所示。

9）单击图层面板下方的"添加图层蒙版"按钮，为"格子"添加图层蒙版，选择渐变工具，单击属性栏中的"编辑渐变"按钮，弹出"渐变编辑器"对话框，将渐变色设为从黑色到白色，单击"确定"按钮。在格子上由左至右拖曳渐变，效果如图12-18所示。

10）新建图层并命名为"曲线"，将前景色设置为白色，选择钢笔工具，在图像中绘制路径，如图12-19所示。

11）将前景色设置为白色，按〈Ctrl + Enter〉组合键，将路径转换成选区，按〈Alt +

Delete〉组合键，用前景色填充选区，按〈Ctrl + D〉组合键，取消选区。将"曲线"图层的不透明度设置为35%，效果如图 12-20 所示。

图 12-15　复制并对齐路径

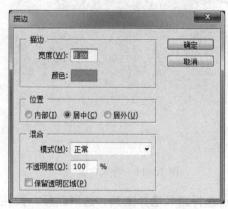
图 12-16　描边设置

图 12-17　描边

图 12-18　设置渐变

图 12-19　绘制路径

图 12-20　填充路径

12.2.2　导入宝宝图片 1

1）打开图 12-6 所示的素材图片，选择移动工具，将该素材图片拖曳到图像文件中，调整其位置和大小，效果如图 12-21 所示。

2）单击图层面板下方的"添加图层样式"按钮，在弹出的菜单中选择"外发光"选项，在弹出的对话框中将外发光颜色设置为白色，其他选项设置如图 12-22 所示。单击"确定"按钮，效果如图 12-23 所示。

图 12-21　导入宝宝图片 1

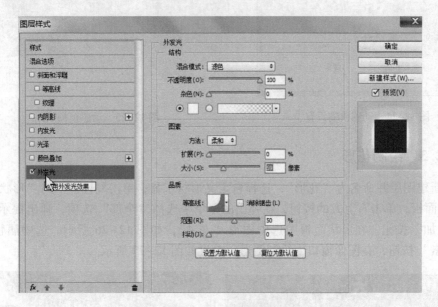

图 12-22　外发光设置

图 12-23　外发光效果

3）将"宝宝1"图层拖曳到图层面板下方的"创建新图层"按钮上进行复制，生成新的图层"宝宝1副本"，将其拖曳到"宝宝1"图层下方。选择"滤镜"→"模糊"→"动感模糊"命令，在弹出的对话框中进行设置，如图12-24所示。单击"确定"按钮，效果如图12-25所示。

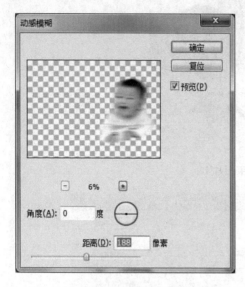

图12-24　动感模糊设置

图12-25　动感模糊效果

12.2.3　绘制花形

1）新建图层并命名为"花形"，选择自定义形状工具，单击属性栏中的"形状"按钮，弹出形状面板，单击右上方的按钮，在弹出的菜单中选择"全部"选项，弹出提示对话框，单击"追加"按钮。在形状面板中选中图形"花4"，如图12-26所示。选中属性栏中的"填充像素"按钮，在图像窗口中绘制图形，效果如图12-27所示。

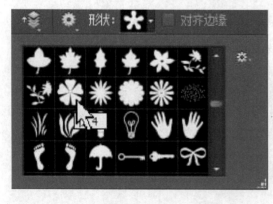

图12-26　花4

图12-27　绘制花形

2）单击图层面板下方的"添加图层样式"按钮，在弹出的菜单中选择"内发光"选项，在弹出的对话框中将内发光颜色设置为白色，其他选项设置为图12-28所示，单击"确定"按钮，并将"花形"图层的填充设置为"10%"，效果如图12-29所示。

138

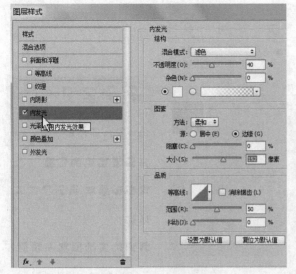

图 12-28　内发光设置

图 12-29　设置花形

12.2.4　添加文字

1）选择横排文字工具，在属性栏选择字体"方正平和简体"并设置文字大小和颜色，输入需要的文字并选取文字，适当地调整文字间距，如图 12-30 所示。

图 12-30　输入文字

文字提示：亲亲宝贝，2009 年 12 月 27 日，伴随着妈妈的阵痛，你呱呱落地来到了世上。从此，我们的生活因你而精彩。

2）合并除"亲亲宝贝"之外的所有文字图层，用鼠标单击图层面板下方的"添加图层样式"按钮，在弹出的菜单中选择"颜色叠加"选项，在弹出的对话框中将叠加颜色设置为深蓝色（R 为 8，G 为 35，B 为 88）。选择"描边"选项，在弹出的对话框中将描边颜色设置为白色，其他选项设置如图 12-31 所示。单击"确定"按钮，用同样的方式对"亲亲宝贝"4 个字进行描边，效果如图 12-32 所示。

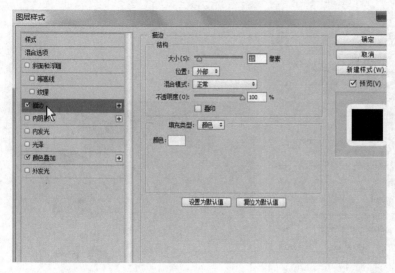

图 12-31　描边设置　　　　　　　　　　　　图 12-32　描边效果

12.2.5　制作泡泡

1）新建图层，命名为"泡泡"。选择椭圆选框工具，按住〈Shift〉键的同时，在图像窗口中绘制选区，效果如图 12-33 所示。

2）选择渐变工具，单击属性栏中的"编辑渐变"按钮，弹出"编辑渐变器"对话框，在"位置"选项中分别输入 50、100 两个位置点，分别设置两个位置点的颜色为"白色"。将左上方的不透明度色标的不透明度设为 0%，位置设为 50，右上方的不透明度色标的不透明度设为 60%，位置设为 100，如图 12-34 所示。单击"确定"按钮，在属性栏中选择"径向渐变"按钮，在选区内拖曳渐变，按〈Ctrl + D〉组合键，取消选区，效果如图 12-35 所示。

图 12-33　绘制选区

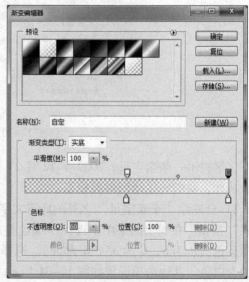

图 12-34　设置渐变

3）选择钢笔工具，在图像窗口中绘制路径，如图 12-36 所示。按〈Ctrl + Enter〉组合键，将路径转换成选区，选择菜单"选择"→"修改"→"羽化"命令，将选区进行 15 像素的羽化设置，单击"确定"按钮，按〈Alt + Delete〉组合键，用白色填充选区并取消选区，效果如图 12-37 所示。

图 12-35　径向渐变

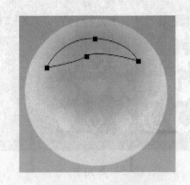

图 12-36　绘制路径

4）将"泡泡"图层拖曳到图层面板下方的"创建新图层"按钮上进行多次复制，生成新的副本图层。选择移动工具，分别将复制的泡泡拖曳到适当的位置，按〈Ctrl + T〉组合键调整其大小，效果如图 12-38 所示。

图 12-37　羽化选区

图 12-38　复制泡泡

12.2.6　制作星星

1）新建图层，命名为"星星"。将前景色设置为黄色（R 为 250，G 为 220，B 为 80），选择自定义形状工具，单击属性栏中的"形状"按钮，在形状面板中选中图形"5 角星"，如图 12-39 所示。选中属性栏中的"填充像素"按钮，在图像窗口中绘制图形，效果如图 12-40 所示。

2）单击图层面板下方的"添加图层样式"按钮，在弹出的菜单中选择"外发光"选项，在弹出的对话框中将外发光颜色设置为白色，单击"等高线"右边的箭头，在弹出的面板中选中"锯齿 1"等高线，其他选项设置如图 12-41 所示。单击"确定"按钮，效果如图 12-42 所示。

图 12-39　5 角星

图 12-40　绘制 5 角星

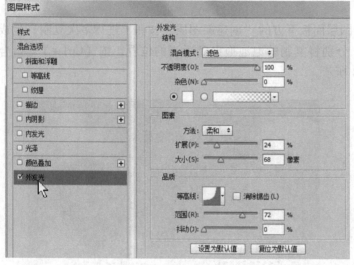

图 12-41　外发光设置

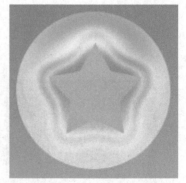

图 12-42　外发光效果

12.2.7　导入宝宝图片 2

1）打开图 12-7 所示的素材图片，选择移动工具，将素材图片拖曳到图像文件中，调整其位置和大小，选择"编辑"→"变换"→"水平翻转"，并将该图层移动到"亲亲宝贝"图层下方，效果如图 12-43 所示。

2）单击图层面板下方的"添加图层样式"按钮，在弹出的菜单中选择"外发光"选项，在弹出的对话框中将外发光颜色设置为白色，其他选项设置如图 12-44 所示。单击"确定"按钮，亲亲宝贝最终效果如图 12-45 所示。

图 12-43　导入宝宝图片 2

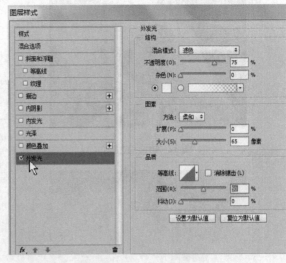

图 12-44　外发光设置

图 12-45　最终效果图

12.3　强化训练

12.3.1　意趣童年写真效果

在 Photoshop CC 2015 中打开图 12-46 ~ 图 12-50 所示的素材图片，设计制作意趣童年写真效果图。要求作品与图 12-51 所示效果一致。

操作小提示：

1）利用图层蒙版设置图像的可见部分。

2）使用渐变填充工具填充图像。

3）利用"描边"图层样式对图像进行描边。

图 12-46　宝宝 1

图 12-47　宝宝 2

图 12-48　背景

图 12-49　小天使

图 12-50　艺术字

图 12-51　意趣童年效果图

12.3.2　活力女孩写真效果

在 Photoshop CC 2015 中打开图 12-52 和图 12-53 所示的素材图片，设计制作活力女孩写真效果图。要求作品与图 12-54 所示效果一致。

图 12-52　女孩 1　　　　　　　　图 12-53　女孩 2

图 12-54　活力女孩效果图

操作小提示：

1）制作"Q"字形选区，选择"滤镜"→"像素化"→"彩色半调"命令制作背景。

2）利用"外发光"和"描边"的图层样式制作女孩图像的边缘效果。

3）利用"图案填充"的方法来制作花形背景。

任务 13　信封邮票制作

13.1　知识准备——路径与选区的转换

利用路径面板，可以在路径与选区之间进行相互转换，下面分别介绍。

13.1.1　将路径转换为选区

创建并编辑好路径以后，就可以将路径转换为选区，以便进一步地编辑。将路径转换为选区的操作方法是：在路径面板中，选择需要转换为选区的路径栏，如图 13-1 所示。单击"将路径作为选区载入"按钮 ◎ 即可，如图 13-2 所示。

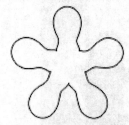
图 13-1　绘制路径

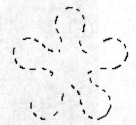
图 13-2　路径转换成选区

按〈Ctrl + Enter〉组合键，可以快捷地将当前路径转换为选区。

13.1.2　将选区转换为路径

在图像窗口中建立选区后，如图 13-3 所示。单击路径面板底部的"从选区生成工作路径"按钮 ◇ ，即可将选区转换为相同形状的当前工作路径，如图 13-4 所示。

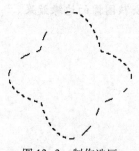
图 13-3　制作选区

图 13-4　选区转换为路径

13.2　实战演练——童年信封制作实例

综合应用 Photoshop CC 2015 的文字工具、画笔工具、磁性套索工具、移动工具、自由变换、自定义形状、图层样式和图层混合模式等各种操作，来制作童年信封写真照片。

打开图13-5~图13-7所示的素材图片。

图13-5　男孩1

图13-6　男孩2

图13-7　邮戳

13.2.1　制作邮票

1）新建文档。执行"文件"→"新建"命令或按〈Ctrl + N〉组合键，弹出"新建"对话框，设置文档名称为"童年邮票"，宽度为80，高度为100，单位为cm，颜色模式为RGB，分辨率为200像素/英寸，背景颜色为白色，单击"确定"按钮。

2）打开图13-5所示的素材图片，选择工具箱中的移动工具，将素材图片拖曳到"童年邮票"文档中，选择"编辑"→"自由变换"命令或按〈Ctrl + T〉组合键，把图片调整到合适大小和位置，然后用鼠标单击工具选项栏中的"√"或按〈Enter〉键确认操作，图像效果如图13-8所示。

3）制作邮票边缘。选择自定义形状工具，单击属性栏中的"形状"按钮，在形状面板中选中图形"邮票1"，如图13-9所示。选中属性栏中的"路径"按钮，在图像窗口中绘制图形，效果如图13-10所示。

4）用鼠标单击路径面板，单击面板下方的"将路径作为选区载入"按钮或按〈Ctrl + Enter〉组合键，将路径转化为选区，图像效果如图13-11所示。

5）在图层面板中，选择照片图层，按〈Ctrl + C〉组合键，再按〈Ctrl + V〉组合键，在图层面板上单击"图层1"前的"图层可视性"图标，将"图层1"隐藏，如图13-12所示。

图 13-8 导入男孩图片

图 13-9 邮票 1 形状

图 13-10 绘制图形

图 13-11 路径转化为选区

6）按住〈Ctrl〉键的同时，用鼠标在图层面板上用鼠标单击"图层 2"，得到"图层 2"的选区，选择工具箱中的矩形选框工具，在工具属性栏中选择"从选区减去"属性，在选区内画一个矩形，图像效果如图 13-13 所示。

图 13-12 隐藏图层 1

图 13-13 制作矩形选区

7）填充选区。将前景色设置为白色，选择"编辑"→"填充"命令，在弹出的"填充"对话框中，使用前景色，单击"确定"按钮。选择"选择"→"取消选区"命令，图像效果如图 13-14 所示。

8）添加图层样式。在图层面板中单击添加图层样式按钮，在"图层样式"对话框中进行参数设置，选中"投影"复选框，参数默认，如图 13-15 所示。投影后的效果可以使邮票具有立体感，图像效果如图 13-16 所示。

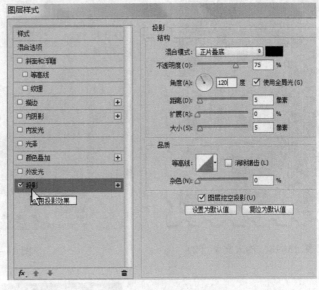

图 13-14　取消选区　　　　　　　　　　　图 13-15　投影参数设置

9）输入文字。选择工具箱中的横排文字工具，在画面上输入"80 分"，字体设置为 Monotype Corsiva，颜色为白色，选择合适的字体大小后按〈Enter〉键确认操作，效果如图 13-17 所示。

图 13-16　投影效果　　　　　　　　　　　图 13-17　输入文字（1）

10）选择工具箱中的直排文字工具，输入文字"中国邮政 CHINA"，字体为"仿宋_GB2312"，大小为"11 点"，加粗，调整位置后效果如图 13-18 所示。

11）调整图像色彩。选择"图层 2"，选择"图像"→"调整"→"曲线"命令，或按〈Ctrl + M〉组合键，在"曲线"对话框中用鼠标调整节点，设置的参数如图 13-19 所示。单击"确定"按钮将照片调亮，图像效果如图 13-20 所示，保存"童年邮票.psd"。

图 13-18　输入文字（2）

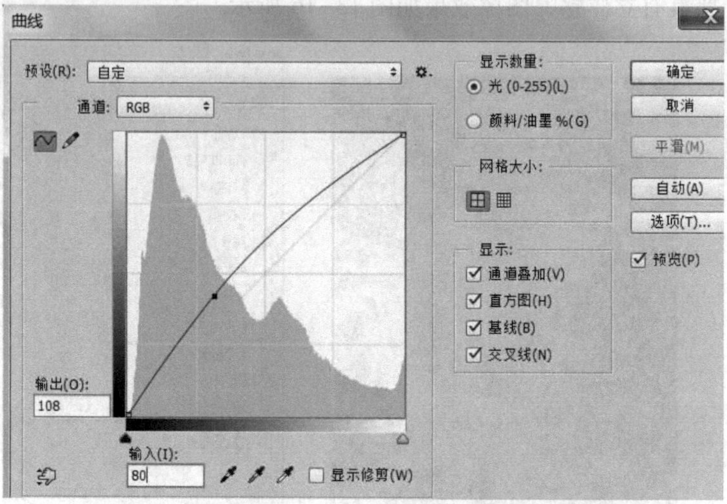

图 13-19　曲线参数设置

图 13-20　邮票效果图

13.2.2　制作信封

1）新建文档。执行"文件"→"新建"命令或按〈Ctrl + N〉组合键，弹出"新建"对话框，设置文档名称为"童年信封"，宽度为 220 毫米，高度为 110 毫米，颜色模式为 RGB，分辨率为 200 像素/英寸，背景颜色为白色，单击"确定"按钮。

2）选择矩形选框工具，在属性栏的样式中选择"固定大小"，将宽度设置为 0.7 cm，高度设置为 0.8 cm，在图像中单击鼠标绘制矩形选区，如图 13-21 所示。

3）新建图层，命名为"矩形 1"，在矩形内部单击鼠标右键，在弹出的快捷菜单中选择

"描边"，将描边颜色设置为红色，其他设置如图13-22所示。单击"确定"按钮，按〈Ctrl+D〉组合键取消选区，效果如图13-23所示。

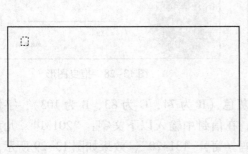

图13-21　绘制矩形

图13-22　描边设置

4）选择移动工具，按住〈Alt+Shift〉组合键，将矩形1向右拖动，即可复制矩形。松开鼠标后以同样的方式多次复制，得到效果如图13-24所示。

5）按住〈Shift〉键同时选中6个矩形，单击属性栏中的"水平居中分布"按钮，效果如图13-25所示。

6）新建图层，命名为"横线"。选择画笔工具，将其笔触设置为"尖角6像素"，前景色设置为红色，按住〈Shift〉键拖动鼠标绘制3条水平直线，效果如图13-26所示。

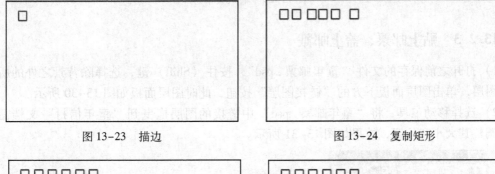

图13-23　描边　　　　　　　　　　　　　　　　图13-24　复制矩形

图13-25　排列矩形　　　　　　　　　　　　　　图13-26　绘制横线

7）选择横排文字工具，在信封右下角输入"邮政编码:"4个字，字体为"仿宋_GB2312"，大小为"14点"，颜色为黑色，效果如图13-27所示。

8）打开如图13-6所示的素材图片，利用椭圆选框工具选出男孩，并将选区羽化200像素后利用移动工具将选区部分拖曳到信封中，改变其大小和位置，效果如图13-28所示。

图 13-27　输入文字

图 13-28　拖曳图形

9）选择横排文字工具，颜色设置为蓝灰色（R 为 74，G 为 83，B 为 103），字体设置为"方正静蕾简体"，大小设置为"18 点"，在信封中输入以下文字："201314　儿童市健康区可爱路 520 号　小啦啦（收）　爸爸妈妈（寄）　131420"，效果如图 13-29 所示。

图 13-29　输入文字

13.2.3　贴上邮票、盖上邮戳

1）打开之前保存的文件"童年邮票.psd"，按住〈Shift〉键，选择除背景之外的所有可视图层，单击图层面板下方的"链接图层"按钮，此时图层面板如图 13-30 所示。

2）选择移动工具，将"童年邮票.psd"中链接的图层拖曳到"童年信封"文档窗口中，调整其大小和位置，效果如图 13-31 所示。

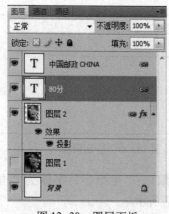

图 13-30　图层面板

图 13-31　贴上邮票

3）打开图 13-7 所示的素材图片，选择移动工具将邮戳拖曳到"童年信封.psd"文件中，调整大小和位置后，童年信封的最终效果图如图 13-32 所示。

152

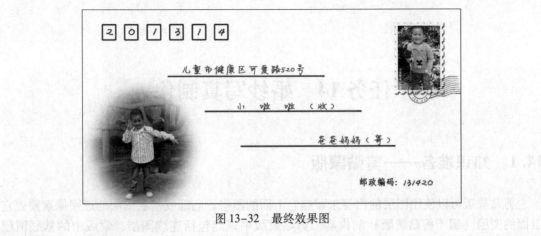

图 13-32　最终效果图

13.3　强化训练

13.3.1　制作中国邮政邮票效果

在 Photoshop CC 2015 中打开图 13-33 所示的素材图片，不使用自定义形状"邮票 1"来设计制作中国邮政邮票效果图。要求作品与图 13-34 所示的效果一致。

图 13-33　素材图

图 13-34　邮票效果图

操作小提示：设置画笔样式制作邮票边齿效果。

13.3.2　制作童年信纸效果

使用"任务 2 信封邮票制作"中的人物素材图片和图 13-35 所示的素材图片，自主设计并制作"童年信纸"，要求人物能够融合在背景中，突出儿童信纸的活泼可爱，色彩色调要求统一，信纸特征突出，整体个性美观。

图 13-35　小天使

任务 14　婚纱写真制作

14.1　知识准备——剪贴蒙版

剪贴蒙版可以使用图层的内容来蒙盖它上面的图层，底部或基底图层的透明像素蒙盖它上面的图层（属于剪贴蒙版）的内容。剪贴蒙版中只能包括连续图层，蒙版中的基底图层名称带下画线，上层图层的缩览图是缩进的。另外，重叠图层显示剪贴蒙版图标 ⌐。下面举例详细说明。

某图像中有两个图层，上面一个图层是碎花图层，如图 14-1 所示。下面一个图层是一只蝴蝶，并且蝴蝶图层中没有像素的部分是透明的，如图 14-2 所示。用下列两种方法可形成剪贴蒙版。

图 14-1　碎花　　　　　　　　　　　　图 14-2　蝴蝶

方法一：在按住〈Alt〉键的同时，将鼠标移到图层面板中两个图层之间的细线处，此时鼠标变成两圆相交的形状，单击鼠标后，两图层之间的细线变成了虚线，并在蝴蝶图层的名称下加了一条横线，上面的碎花图层和下面的蝴蝶图层就形成了剪贴蒙版关系，如图 14-3 所示。形成剪贴蒙版关系后的图像如图 14-4 所示，蝴蝶图层相当于碎花图层的蒙版。

图 14-3　图层面板　　　　　　　　　图 14-4　形成剪贴蒙版关系

如果要取消剪贴蒙版关系，可在按住〈Alt〉键的同时将鼠标移到虚线处，鼠标将变成两圆相交的形状，单击鼠标就会取消剪贴蒙版关系。

另外，选择移动工具，可以分别移动碎花图像或蝴蝶图像的位置，以改变剪贴蒙版的效果。

154

方法二：执行"图层"→"创建剪贴蒙版"命令，也可使两图层之间形成剪贴蒙版关系（使用过程中应注意：先选中位于上面的图层，然后再选择"创建剪贴蒙版"命令）。若要取消剪贴蒙版关系，可执行"图层"→"释放剪贴蒙版"命令。

14.2　实战演练——花语清风制作实例

综合应用 Photoshop CC 2015 的渐变工具、画笔工具、自定义形状工具、图层蒙版、图层样式和文字工具等各种操作，来制作花语清风的婚纱照效果。

打开图 14-5～图 14-9 所示的素材图片。

图 14-5　人物

图 14-6　人物 1

图 14-7　人物 2

图 14-8　人物 3

图 14-9　蝴蝶

14.2.1　制作底图

1）新建文档。执行"文件"→"新建"命令或按〈Ctrl + N〉组合键，弹出"新建"对话框，设置文档名称为"花语清风"，宽度为 20 厘米，高度为 14.5 厘米，颜色模式为 RGB，分辨率为 300 像素/英寸，背景颜色为白色，单击"确定"按钮。

2）选择渐变工具，单击属性栏中的"编辑渐变"按钮，弹出"渐变编辑器"对话框，渐变色从绿色（R 为 120，G 为 210，B 为 180）到浅绿色（R 为 210，G 为 230，B 为 190），如图 14-10 所示，单击"确定"按钮。在属性栏中选择"径向渐变"按钮，在图像窗口中由中心向外拖曳渐变，效果如图 14-11 所示。

图 14-10　渐变编辑器

图 14-11　径向渐变

3）新建图层，命名为"渐变填充"，选择渐变工具，单击属性栏中的"编辑渐变"按钮，弹出"渐变编辑器"对话框，将渐变色设为浅绿色（R 为 210，G 为 230，B 为 190）到绿色（R 为 65，G 为 175，B 为 18），如图 14-12 所示，单击"确定"按钮。在图像窗口中由左下方向右上方拖曳渐变，效果如图 14-13 所示。

4）在图层面板中将"渐变填充"图层的混合模式改为"叠加"，效果如图 14-14 所示。

5）新建图层并将其命名为"调色"，将前景色设为绿色（R 为 105，G 为 180，B 为 60），按〈Alt + Delete〉组合键用前景色填充"调色"图层，效果如图 14-15 所示。

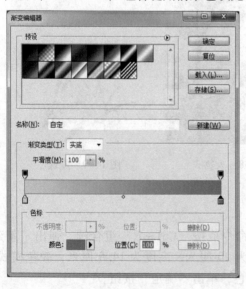

图 14-12　渐变编辑器

图 14-13　径向填充

6）单击图层面板下方的"添加图层蒙版"按钮，为"调色"图层添加蒙版，选择画笔工具，在属性栏中单击"画笔"选项右侧的箭头，在弹出的画笔面板中选择"柔角 600 像素"画笔，如图 14-16 所示。将前景色设置成"黑色"，在图像蒙版窗口中拖曳鼠标涂抹，效果如图 14-17 所示。

图 14-14　叠加效果

图 14-15　调色层

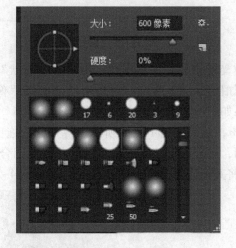

图 14-16　选择画笔

图 14-17　涂抹效果

14.2.2　导入人物

1）打开图 14-5 所示的素材图片，选择移动工具，将素材图片拖曳到图像中，并将图层命名为"人物"，调整好大小和位置后，效果如图 14-18 所示。

2）单击图层面板下方的"添加图层蒙版"按钮，为"人物"图层添加蒙版，选择画笔工具，将前景色设置为黑色，在"人物"图层蒙版上进行擦除，效果如图 14-19 所示。

图 14-18　导入人物

图 14-19　添加蒙版

3）新建图层，命名为"矩形"，将前景色设置为白色，选择矩形选框工具，在图像中绘制矩形选区，按〈Alt + Delete〉组合键用前景色填充选区，按〈Ctrl + D〉组合键取消选区，效果如图 14-20 所示。将"矩形"图层的不透明度设置为 40%，效果如图 14-21 所示。

图 14-20　绘制矩形

图 14-21　设置不透明度

4）新建图层，命名为"花"，选择自定义形状工具，在属性栏中单击"形状"右边的箭头，在弹出的面板中选择形状"花 4"，如图 14-22 所示。在属性栏中选择"像素"模式，在图像窗口中绘制该"花"图形，效果如图 14-23 所示。

5）将图层"花"的不透明度设置为 45%，效果如图 14-24 所示。将"花"拖曳到图层面板下方的"创建新图层"按钮上进行复制，选择移动工具，将复制的花移动到合适位置，按〈Ctrl + T〉组合键改变其大小并旋转，并将其不透明度设置为 85%，效果如图 14-25 所示。

图 14-22　选择花形

图 14-23　绘制花形

图 14-24　设置不透明度

图 14-25　复制花形

6）使用上述方法复制多个"花副本"，改变其位置、大小和不透明度，效果如图 14-26 所示。

7）打开素材文件"泡泡.psd"，选择移动工具将其拖曳到图像文件中，调整位置和大小，不透明度设为80%，效果如图14-27所示。

图14-26　多次复制花形

图14-27　导入泡泡

8）将"泡泡"图层拖曳到图层面板下方的"创建新图层"按钮上进行多次复制，分别调整位置和大小，效果如图14-28所示。

9）新建图层，命名为"圆圈1"，选择椭圆选框工具，按住〈Shift〉键的同时，绘制圆形选区，并将选区填充成白色，按〈Ctrl+D〉组合键取消选区，效果如图14-29所示。

图14-28　复制泡泡

图14-29　绘制圆圈

10）单击"圆圈1"图层下方的"添加图层样式"按钮，选择"投影"选项，将投影颜色设置为黑色，其他设置如图14-30所示，单击"确定"按钮后，效果如图14-31所示。

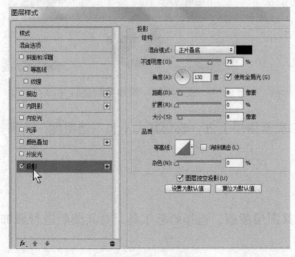

图14-30　投影设置

图14-31　投影效果

11）将"圆圈1"图层拖曳到图层面板下方的"创建新图层"按钮上复制两次，分别调整位置和大小，将复制的"圆圈"分别命名为"圆圈2""圆圈3"，效果如图14-32所示。

12）选择"圆圈1"图层，打开图14-6所示的素材图片，选择移动工具将人物图片拖曳到适当的位置，改变其大小后效果如图14-33所示，并将该图层命名为"人物1"。

图14-32　复制圆圈

图14-33　导入人物

13）按住〈Alt〉键的同时，将光标放在"圆圈1"和"人物1"图层中间，单击鼠标，为"人物1"创建剪贴蒙版，效果如图14-34所示。

14）打开图14-7和图14-8所示的素材图片，用同样的方法分别为"圆圈2"和"圆圈3"创建剪贴蒙版，效果如图14-35所示。

图14-34　添加剪贴蒙版（1）

图14-35　添加剪贴蒙版（2）

15）再次复制"花形"图层，将其拖曳至图层上方，改变其大小和不透明度，效果如图14-36所示。

14.2.3　整体修饰

1）选择"人物"图层，用鼠标单击其图层蒙版，选择画笔工具，对其蒙版进行修饰，效果如图14-37所示。

图 14-36　复制花形

图 14-37　修饰蒙版

2）选择横排文字工具，字体设置为"汉仪雪君体繁"，大小为"40 点"，颜色为绿色（R 为 27，G 为 92，B 为 16），输入文字"花语清风"，效果如图 14-38 所示。

3）单击文字图层下方的"添加图层样式"按钮，选择"描边"，设置投影颜色为白色，粗细为 10 像素。单击"确定"按钮，效果如图 14-39 所示。

图 14-38　输入文字

图 14-39　描边

4）新建图层，命名为"直线"。选择铅笔工具，设置为 3 像素，按住〈Shift〉键绘制白色的直线。选择横排文字工具，输入文字"When I Fall In Love"，字体为 Segoe Script，颜色为白色，效果如图 14-40 所示。

5）选择横排文字工具，输入文字"闭上眼睛，我在花香的弥漫中，任性地沉迷"，字体为"汉仪雪君体繁"，颜色为灰色，效果如图 14-41 所示。

图 14-40　输入文字（1）

图 14-41　输入文字（2）

6）打开如图14-9所示的素材图片，选择移动工具，将图片"蝴蝶"拖曳到图像中，并将图层命名为"蝴蝶"，调整好大小和位置后效果如图14-42所示。

7）最后，复制"泡泡"图层，将其置于"蝴蝶"图层下方，并用橡皮擦工具擦除不需要的泡泡，花语清风婚纱照最终效果如图14-43所示。

图 14-42　导入蝴蝶　　　　　　　　　图 14-43　最终效果图

14.3　强化训练

14.3.1　制作浓蜜情意婚纱照效果

在Photoshop CC 2015中打开图14-44～图14-46所示的素材图片，并使用任务14中的人物素材和制作方法，设计制作浓蜜情意婚纱照效果。要求作品与图14-47所示的效果一致。

图 14-44　人物　　　　　　　　　　　图 14-45　图案

图 14-46　花边　　　　　图 14-47　浓蜜情意婚纱照效果

操作小提示：

1）通过图层的"不透明度"和"填充"来设置半透明效果。

2）添加图层蒙版设置图片的显示部分。

3）利用"曲线"功能调整画面色调。

14.3.2 制作情定今生婚纱照效果

在 Photoshop CC 2015 中打开图 14-48～图 14-53 所示的素材图片，设计制作情定今生婚纱照效果。要求作品与图 14-54 所示的效果一致。

图 14-48 莲花 1

图 14-49 莲花 2

图 14-50 人物 1

图 14-51 人物 2

图 14-52 人物 3

图 14-53 婚纱艺术字

操作小提示：

（1）在"图层蒙版"中利用渐变效果和画笔涂抹来设置图像之间的融合效果。

（2）合理利用"投影"和"描边"效果来修饰图像。

（3）利用"色阶"命令来调整画面的对比度和饱和度。

图 14-54 情定今生婚纱照效果

任务 15 函件类图片制作

15.1 知识准备——快速选择工具

Photoshop CC 2015 工具箱的魔棒工具组中提供了快速选择工具，使用快速选择工具能够根据图像中的颜色相似度来选择图像中颜色相同或相近的大块单色区域图像。用法是对着色彩相近的区域按住鼠标左键拖曳，或者在颜色相近的区域连续单击鼠标左键，系统就会根据色差自动选择附近色彩相近的区域而形成选区。

单击工具箱中的快速选择工具，以显示其工具选项栏，如图 15-1 所示。

图 15-1 工具选项栏

1）选区的加减：单击此按钮可在图像中创建新选区的同时，在原来的选区上添加或减去部分选区。

2）画笔的大小：单击可以打开画笔选取器，选择画笔样式和粗细。

3）对所有图层取样：该选项和 Photoshop 中的图层有关，当选中此选项后，不管当前在哪个层上操作，所使用的工具对所有的图层都起作用，而不是只针对当前操作的层。

4）自动增强：自动增强选区边缘。

例如，打开图 15-2 所示的非洲菊素材图片，选择快速选择工具，设置合适的画笔大小，在花朵中连续单击鼠标左键，或者拖曳鼠标左键，即可选择红色花朵部分成为选区，如图 15-3 所示。

图 15-2 非洲菊素材图片

图 15-3 制作选区

15.2 实战演练——公司活动邀请函制作实例

综合应用 Photoshop CC 2015 的矩形选框工具、渐变工具、铅笔工具、快速选择工具、文字工具、变换命令、图层混合模式和不透明度等各种操作，来制作公司活动邀请函。

打开图 15-4 和图 15-5 所示的素材图片。

图 15-4　背景图纹素材图片

图 15-5　公司建筑素材图片

15.2.1　制作邀请函封面

1) 新建文档。执行"文件"→"新建"命令或按〈Ctrl + N〉组合键,弹出"新建"对话框,设置文档名称为"邀请函封面",宽度为 13 厘米,高度为 11 厘米,颜色模式为 RGB,分辨率为 300 像素/英寸,背景颜色为白色,如图 15-6 所示,单击"确定"按钮。

2) 创建选区。在 6.5 cm 处创建一条竖直参考线,选择工具箱中的矩形选框工具⬚,在参考线右侧拖动鼠标左键创建选区,效果如图 15-7 所示。

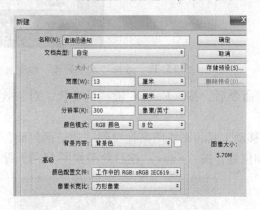

图 15-6　新建文件

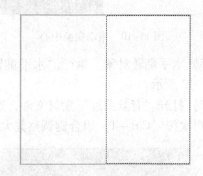

图 15-7　创建选区

3) 创建渐变填充。单击"创建新图层"按钮🔲,新建图层,命名为"右侧折页",图层面板如图 15-8 所示。设置前景色为红色(R 为 243, G 为 10, B 为 20),设置背景色为深红色(R 为 114, G 为 3, B 为 5),选择工具箱中的渐变工具🔲,属性栏设置为"线性渐变",从上往下拖动鼠标左键创建渐变填充,按〈Ctrl + D〉组合键取消选区,效果如图 15-9 所示。

4) 复制并变换对象。将"右侧折页"拖动到"创建新图层"按钮🔲上,复制当前图层,更名为"左侧折页",按〈Ctrl + T〉组合键,执行"自由变换"命令,拖动变换中心到左中部,如图 15-10 所示。在变换框内部用鼠标右键单击,在弹出的快捷菜单中,选择"水平翻转"命令,如图 15-11 所示。

图 15-8　新建图层

图 15-9　渐变填充

图 15-10　拖动变换中心

图 15-11　选择"水平翻转"命令

5）水平翻转对象。执行"水平翻转"命令后，按〈Enter〉键确认变换，对象效果如图 15-12 所示。

6）打开"背景图纹"素材文件，选择移动工具将图纹图案拖曳到"邀请函封面"文件中，再次按〈Ctrl + T〉组合键调整其大小和位置，按〈Enter〉键后效果如图 15-13 所示。

图 15-12　水平翻转

图 15-13　导入背景图纹

7）将"背景图纹"图层的混合模式设置为"叠加"，不透明度设置为 40%，并新建图层"分界线"。选择工具箱中的矩形选框工具，在参考线左侧拖动鼠标左键创建选区，并

166

填充为黑色，取消选区后效果如图 15-14 所示。

8）为"分界线"图层添加图层蒙版，设置前景色为黑色，背景色为白色，选择渐变工具，设置属性为"线性渐变"，将鼠标由左向右进行拖动，拖动方式如图 15-15 所示。

图 15-14　绘制黑色矩形

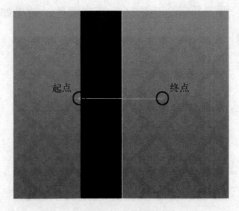
图 15-15　线性渐变

9）隐藏参考线，得到的效果如图 15-16 所示，图层面板如图 15-17 所示。

图 15-16　隐藏参考线

图 15-17　图层面板

10）添加素材。打开"公司建筑"素材文件，在工具箱中选择快速选择工具，在图片上方连续用鼠标单击创建选区，如图 15-18 所示。

11）按〈Shift + Ctrl + I〉组合键进行反选，选择移动工具将选区图案拖曳到"邀请函封面"文件中，按〈Ctrl + T〉组合键改变其大小和位置，效果如图 15-19 所示。

图 15-18　创建选区

图 15-19　导入公司建筑素材

12）输入文字"邀请函"，字体设置为"叶根友毛笔行书简体"，"邀请"两字颜色为黑色，"函"字颜色为白色，效果如图 15-20 所示。

13）创建黑圈对象。新建图层，命名为"黑圈"，将其置于"函"字图层下方，使用椭圆选框工具〇创建选区，填充黑色，效果如图 15-21 所示。

图 15-20　输入文字

图 15-21　创建黑圈对象

14）输入文字。设置前景色为"黑色"，使用直排文字工具输入英文字母"INVITA-TION"，设置字体为"Arial"，字号为"12 点"，效果如图 15-22 所示。

15）输入文字。设置前景色为黑色，使用横排文字工具输入以下公司信息，设置字体为"Arial"，字号为"5 点"，得到邀请函封面效果如图 15-23 所示。

ADD：Zhejiang wenzhou pingyang

TEL：0577 - 63500XXX　　0577 - 63500XXX

FAX：0577 - 63500XXX　　E - MAIL：Feiming@ 163. com

图 15-22　输入文字

图 15-23　邀请函封面效果

15.2.2　制作邀请函内页

1）新建文档。执行"文件"→"新建"命令或按〈Ctrl + N〉组合键，弹出"新建"对话框，设置文档名称为"邀请函内页"，宽度为 13 厘米，高度为 11 厘米，颜色模式为 RGB，分辨率为 300 像素/英寸，背景颜色为白色，单击"确定"按钮。

2）设置参考线。在 0.5 cm、6.5 cm、12.5 cm 处各创建一条竖直参考线，在 0.5 cm、10.5 cm 处各创建一条水平参考线。设置前景色为乳黄色（R 为 250，G 为 230，B 为 180），按〈Alt + Delete〉组合键对背景进行填充，效果如图 15-24 所示。

3）打开"背景图纹"素材文件，选择移动工具将图纹图案拖曳到"邀请函内页"文件中，再次按〈Ctrl + T〉组合键调整其大小和位置，按〈Enter〉键确认，并将"背景图纹"图层的混合模式设置为"叠加"，不透明度设置为 40%，效果如图 15-25 所示。

图 15-24　创建选区　　　　　　图 15-25　导入背景图纹

4）在内页右侧输入文字"诚心邀请"，设置字体为"叶根友毛笔行书简体"，大小为"20 点"，颜色为红棕色（R 为 171，G 为 82，B 为 57），并为该图层添加投影效果，效果如图 15-26 所示。

5）在内页右侧输入以下邀请函内容。设置字体为"黑体"，大小为"10 点"，颜色为红棕色（R 为 120，G 为 60，B 为 24）。选择铅笔工具，设置粗细为 4 像素，颜色为红棕色（R 为 120，G 为 60，B 为 24），按住〈Shift〉键绘制横线。效果如图 15-27 所示。

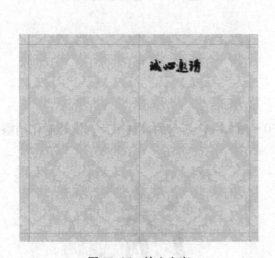 

图 15-26　输入文字　　　　　　图 15-27　输入邀请函内容

_____先生 sir/女士 madam

诚心邀请您参加 2014 年 9 月 2 日于浙江温州平阳举行的"某某某有限公司开业盛典暨冬季订货大会"。

特此邀请，望届时正装出席。

某某公司销售部门 经理：某某某

6）在内页左侧输入以下说明文字。设置字体为"黑体"，大小为"6点"，颜色为红棕色（R为120，G为60，B为24），效果如图15-28所示。

2014，注定不平凡。2014年，社会在酝酿巨大变革。经济在发生重要转型。

您正在关注什么？您正在思考什么？您正在准备什么？您正在博弈什么？

某某某公司愿与您携手，共享石破天惊的新平台、新机遇，一起引领行业新的潮头浪尖！

7）隐藏参考线，得到邀请函内页效果如图15-29所示。

图15-28 输入说明文字

图15-29 邀请函内页效果

15.3 强化训练

15.3.1 设计制作结婚请柬

在Photoshop CC 2015中打开图15-30～图15-37所示的素材图片，设计制作结婚请柬。要求作品与图15-38所示效果一致。

图15-30 玫瑰花瓣

图15-31 请柬艺术字

图 15-32　人物

图 15-33　心

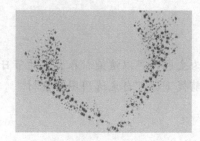

图 15-34　心形

图 15-35　中国结

图 15-36　花瓣

图 15-37　卡通人物

图 15-38　结婚请柬效果图

操作小提示：

1）选择自定义形状工具绘制心形路径，将路径作为选区载入，并用径向渐变填充心形。

2）使用魔术橡皮擦工具去除图 15-32 人物素材图片中的白色背景。

3）利用描边路径的方法绘制黄色矩形。

15.3.2　设计制作新春联谊会邀请函

金立国贸公司要召开新春联谊会，邀请同行及上级主管领导参加，请设计一张新春联谊会的邀请函，具体信息如下所述。

主题：金立国贸公司 2014 年新春联谊会

时间：2013 年 12 月 31 日晚 18:00 - 21:00

地点：公司行政楼多功能厅

电话：0577 - 88888888

操作小提示：

1）新春联谊会邀请函背景可以采用红色为主色调，以渲染新春大喜的节日气氛。

2）在完整传达该任务要求的文字信息的前提下，可自主选用图片素材。

单元小结

1）综合运用 Photoshop 的各种操作，能制作出非常精美的数码照片后期制作效果。

2）绘制和编辑好路径后，能对路径进行填充和描边。

3）为了增加选区的多样性和路径编辑的灵活性，可以在路径与选区之间进行转换。

4）合理利用剪贴蒙版的制作方法，可以制作出非常漂亮的画中画效果。

5）魔术橡皮擦工具可以擦除颜色相似的图像区域，制作生成选区。

作业

1）在 Photoshop CC 2015 中打开图 15-39 ~ 图 15-43 所示的素材图片，设计制作"我的青春我做主"个性写真效果图。要求作品与图 15-44 所示效果一致。

图 15-39　花形 1　　　　图 15-40　花形 2　　　　图 15-41　人物

172

图 15-42　女孩 1　　　　　图 15-43　女孩 2

图 15-44　我的青春我做主效果图

操作小提示：

① 利用图层蒙版设置图像的可见部分。

② 使用"色相/饱和度"命令修改图像的色相与饱和度。

③ 利用"黑白"命令将彩色图像转换成黑白图像。

2）在 Photoshop CC 2015 中打开图 15-45 所示的素材图片，设计制作瓷砖效果图。要求作品与图 15-46 所示样本一致。

图 15-45　素材　　　　　　　图 15-46　瓷砖效果图样本

操作小提示：

① 图片样式设置为"投影""斜面和浮雕"。

② 墙面设置为"滤镜"→"条纹"→"龟裂缝"效果。

173

第 5 单元

包装设计实例

【职业能力目标与学习要求】

通过本单元的学习，了解包装设计的要素，熟悉各种常见商品的包装特点，并能够应用 Photoshop CC 2015 进行简单的包装设计：

1）掌握常用的包装设计方法和技术。
2）能够正确对图层进行操作和管理。
3）能够熟练地对图像进行透视和变形处理。
4）熟悉动作面板，能够正确创建并使用动作。

任务 16　光盘封套制作

16.1　知识准备——链接图层和图像透视

16.1.1　链接图层

　　链接的图层能方便用户移动、合并、排列和分布图像，对图像进行统一的处理。因此，在处理图像时有时要用到图层的链接，具体方法如下：选定两个或两个以上图层（按〈Shift〉键选择连续的图层，按〈Ctrl〉键选择不连续的图层），如图 16-1 所示。然后用鼠标单击图层面板下方的锁链标记，这样选中的图层名称右边都会出现一个锁链标记，这些图层就链接在一起，无论对其中的哪个图层进行操作，都会影响其他图层，图层面板如图 16-2 所示。选择其中的一个或多个图层，再次用鼠标单击锁链标记，则锁链标记消失，表示取消图层链接。

图 16-1　选定图层

图 16-2　链接图层

16.1.2　图像透视

　　利用"变换"命令可以对整个图层、图层中选中的部分区域、多个图层、图层蒙版，甚至路径、矢量图形、选择范围和 Alpha 通道进行缩放、旋转、斜切和透视等操作。针对不同的操作对象执行"变换"命令，需要进行相应的选择。其中"透视"命令，经常被应用于包装立体效果图的制作。

　　例如，将背景图层用鼠标双击解锁后，如图 16-3 所示。选择"编辑"→"变换"→"透视"命令，可看到图像的四周有一个矩形框，和裁剪框相似，也有 8 个把手来控制矩形

图 16-3　背景图层解锁

`X: 257.00 像素  △  Y: 194.50 像素  W: 100.00%  ⊖  H: 100.00%  △  0.00  度  H: 0.00  度  V: 0.00  度`

图 16-4　透视选项栏

框。矩形框的中心有一个标识用来表示缩放或旋转的中心参考点。在选项栏中，用鼠标单击图标██上不同的点，可改变参考点的位置，如图 16-4 所示。图标██上各个点和矩形框上的各个点一一对应，输入不同的值或用鼠标直接拖曳参考点到任意位置均可改变图像的透视效果，如图 16-5 所示。

16.2　实战演练——童谣精选光盘封面制作实例

图 16-5　改变透视效果

综合应用 Photoshop CC 2015 的矩形工具、形状工具、链接图层、路径和图像透视等各种操作，来制作童谣精选光盘封面。

打开图 16-6 所示的素材图片。

图 16-6　素材图片

16.2.1　制作 CD 正面

1）新建文档。执行"文件"→"新建"命令或按〈Ctrl + N〉组合键，弹出"新建"对话框，设置文档名称为"CD 正面"，宽度为 14.2 厘米，高度为 12.5 厘米，颜色模式为 CMYK，分辨率为 300 像素/英寸，其他设置如图 16-7 所示，单击"确定"按钮，创建空白文档。

2）构图。选取矩形工具，属性栏设置如图 16-8 所示。在图像中绘制出图 16-9 所示的矩形路径。接着在图像左上角绘制出图 16-10 所示的小矩形路径，选取路径选择工具▶，选中左上角的小矩形，按〈Ctrl + C〉组合键复制，按〈Ctrl + V〉组合键粘贴，复制出一个小矩形，按〈↓〉键调整小矩形到画面左下角，得到图 16-11 所示的效果。再次利用路径

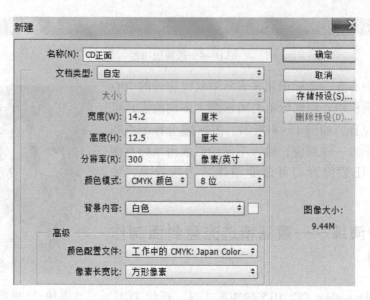

图 16-7　设置文档属性

选择工具 ，选中左上角的小矩形，按〈Ctrl + C〉组合键复制，按〈Ctrl + V〉组合键粘贴，复制出一个小矩形，按〈↓〉键调整小矩形的位置，接着按〈Ctrl + T〉组合键调整矩形的高度，按〈Enter〉键确认调整，得到图 16-12 所示的效果。

图 16-8　矩形工具属性栏设置

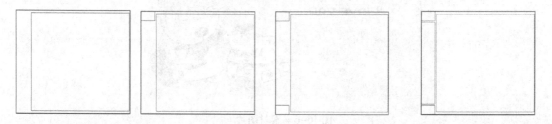

图 16-9　绘制矩形　　图 16-10　绘制小矩形　　图 16-11　复制小矩形　　图 16-12　调整小矩形高度

3）使用素材图片。在 Photoshop 中打开图 16-6 所示的素材图片，执行"选择"→"全选"命令，将图片全部选中，按〈Ctrl + C〉组合键复制。单击"CD 正面"标题栏将其选中，按〈Ctrl + V〉组合键粘贴，得到图 16-13 所示的效果。

4）绘制辅助线。单击图层面板中的"创建新的图层"按钮，创建图层。设置前景色为粉色（R 为 240，G 为 103，B 为 130），选取铅笔工具，设置主直径为 2 像素，硬度为100%，其他均按默认设置。单击路径面板中的"用画笔描边路径"按钮，描边路径，接着单击路径面板空白区域，取消路径的显示。

5）处理素材图片。用鼠标单击选中图层 1，按〈Ctrl + T〉组合键等比例调整图片尺寸，同时调整图片位置，按〈Enter〉键确认调整，得到图 16-14 所示的效果。

图 16-13　粘贴图片

图 16-14　调整图片

6）建立选区。选取矩形选框工具，属性栏中设置羽化为 2 像素，样式为"正常"，其他均按默认设置，在图中建立图 16-15 所示的选区。

7）去除网址。按〈Ctrl + C〉组合键复制，按〈Ctrl + V〉组合键粘贴，利用移动工具调整图片位置，盖住图片中的网址，得到图 16-16 所示的效果，此时图层面板如图 16-17 所示。

8）合并图层。执行"图层"→"向下合并"命令或按〈Ctrl + E〉组合键，合并图层，如图 16-18 所示。

图 16-15　建立选区

图 16-16　去除网址

图 16-17　图层合并前

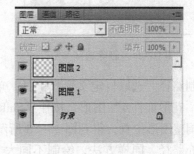

图 16-18　图层合并后

9）填充颜色。用鼠标单击选中图层 2，选取魔棒工具，在左上角的小矩形内单击建立选区，按住〈Shift〉键的同时，在下面的两个矩形内单击建立选区。单击图层面板中的

179

"创建新的图层"按钮，创建图层。设置前景色为粉色（R 为 255，G 为 190，B 为 200），按〈Alt + Delete〉组合键用前景色填充，按〈Ctrl + D〉组合键取消选区，得到图 16-19 所示的效果。

10）删除像素。单击选中图层 3，选取矩形选框工具，属性栏中设置羽化为"0 像素"，样式为"正常"，其他均按默认设置，在图中建立图 16-20 所示的选区，按〈Delete〉键删除，按〈Ctrl + D〉组合键取消选区，得到图 16-21 所示的效果。

图 16-19　填充颜色　　　　　　　　　　　图 16-20　建立选区

11）输入文字。选取横排文字工具，单击"更改文本方向"按钮，在属性栏中设置字体为"黑体"，字号为 23 点，消除锯齿方法为"浑厚"，颜色为粉色（R 为 255，G 为 190，B 为 200），排列方式为"顶对齐文本"，在图层上方单击输入文字"孩子最爱唱的童谣"，接着利用移动工具调整文字位置，得到图 16-22 所示的效果。

图 16-21　删除选区　　　　　　　　　　　图 16-22　输入文字

12）绘制路径。选取自定义形状工具，单击属性栏"形状"后面的文本框，在弹出的列表中选择"花形饰件 4"图形，按住〈Shift〉键的同时单击并拖曳，得到图形，选取路径选择工具，调整图形位置，得到图 16-23 所示的效果。

13）填充路径。同样方法，绘制不同大小与位置的形状，得到图 16-24 所示的效果。单击图层面板中的"创建新的图层"按钮，创建图层，设置前景色为白色，单击路径面板中的"用前景色填充路径"按钮，接着单击路径面板空白区域，取消路径的显示，得到图 16-25 所示的效果。

图 16-23　绘制路径

图 16-24　填充路径

14）删除多余像素。选取矩形选框工具，在图中建立图 16-26 所示的选区，按〈Delete〉键删除，按〈Ctrl + D〉组合键取消选区，得到图 16-27 所示的最终效果。

图 16-25　填充效果

图 16-26　制作选区

15）按〈Ctrl + S〉组合键，将文件保存。

16.2.2　制作 CD 背面

1）新建文档。执行"文件"→"新建"命令或按〈Ctrl + N〉组合键，弹出"新建"对话框，设置文档名称为"CD 背面"，宽度为 14.2 厘米，高度为 12.5 厘米，颜色模式为 CMYK，分辨率为 300 像素/英寸，其他均按默认设置，单击"确定"按钮，创建空白文档。

2）绘制形状。选取矩形工具，在图像中绘制出图 16-28 所示的矩形。

3）绘制矩形。单击图层面板中的"创建新

图 16-27　最终效果图

的图层"按钮，创建图层。设置前景色为粉色（R 为 240，G 为 103，B 为 130），选取铅笔工具，设置主直径为 5 像素，硬度为 100%，其他均按默认设置。单击路径面板中的"用画笔描边路径"按钮，描边路径，接着单击路径面板的空白区域，取消路径的显示，得到图 16-29 所示的效果。

图 16-28　绘制矩形

图 16-29　描边路径

4）绘制路径。选取自定义形状工具，单击属性栏"形状"后面的文本框，在弹出的列表中选择"花形装饰 4"图形，按住〈Shift〉键的同时单击并拖曳，得到图形，选取路径选择工具，调整图形位置，得到图 16-30 所示的效果。

5）复制路径。按住〈Shift〉键选中所有的花形，复制并粘贴，单击"编辑"→"变化路径"，将其旋转 180°后，调整位置，如图 16-31 所示。

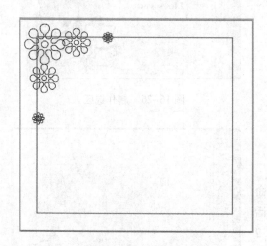

图 16-30　绘制路径

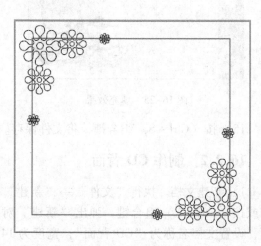

图 16-31　复制路径

6）填充路径。创建新图层，设置前景色为粉色（R 为 240，G 为 103，B 为 130），单击路径面板中的"用前景色填充路径"按钮，接着单击路径面板的空白区域，取消路径的显示，得到图 16-32 所示的效果。

7）输入文字。选取横排文字工具，在属性栏中设置字体为"黑体"，字号为 9 点，消除锯齿方法为"浑厚"，颜色为黑色，排列方式为"左对齐文本"，在图层上方用鼠标单击输入文字，接着利用移动工具调整文字位置，得到图 16-33 所示的效果。（提示：文字之间的虚线字体均为 Century Gothic。）

图 16-32　填充路径

图 16-33　最终效果

8）按〈Ctrl + S〉组合键，将文件保存。

16.2.3　制作 CD 厚度

1）新建文档。执行"文件"→"新建"命令或按〈Ctrl + N〉组合键，弹出"新建"对话框，设置文档名称为"CD 厚度"，宽度为 14.2 厘米，高度为 1 厘米，颜色模式为 CMYK，分辨率为 300 像素/英寸，其他均按默认设置，单击"确定"按钮，创建空白文档。

2）输入文字。选取横排文字工具，在属性栏中设置字体为"黑体"，字号为 16 点，消除锯齿方法为"浑厚"，颜色为粉色（R 为 240，G 为 103，B 为 130），排列方式为"左对齐文本"，在图层上方用鼠标单击输入文字，接着利用移动工具调整文字位置，得到图 16-34 所示的效果。

3）绘制形状。选取自定义形状工具，单击属性栏"形状"后面的文本框，在弹出的列表中选择"花形饰件 4"图形，按住〈Shift〉键的同时单击并拖曳，得到图形，选取路径选择工具，调整图形位置，得到图 16-35 所示的效果。

图 16-34　输入文字

图 16-35　绘制形状

4）填充路径。创建新的图层，设置前景色为粉色（R 为 240，G 为 103，B 为 130），单击路径面板中的"用前景色填充路径"按钮，接着用鼠标单击路径面板的空白区域，取消路径的显示，得到图 16-36 所示的效果。

图 16-36　填充路径

5）按〈Ctrl + S〉组合键，将文件保存。

16.2.4　制作 CD 包装平面图

1）新建文档。执行"文件"→"新建"命令或按〈Ctrl + N〉组合键，弹出"新建"对话框，设置文档名称为"CD 平面图"，宽度为 14.8 厘米，高度为 28.4 厘米，颜色模式为 CMYK，分辨率为 300 像素/英寸，其他均按默认设置，单击"确定"按钮，创建空白文档。

提示：CD 封面为 125 mm × 142 mm，CD 厚度为 10 mm，封口为 8 mm，由此得出文档宽度为 142 mm，高度为 125 × 2 + 10 × 2 + 8 = 278 mm。因为封面设计的出血是在 3 mm，所以文档的高度为 278 + 3 × 2 = 284 mm，宽度为 142 + 3 × 2 = 148 mm。

2）划分区域。执行"视图"→"标尺"命令或按〈Ctrl + R〉组合键，显示标尺。利用标尺确定封面出血以及其他组成部分的位置，在 3 mm、11 mm、136 mm、146 mm、271 mm、281 mm 处各绘制一条水平参考线，在 3 mm、145 mm 处各绘制一条竖直参考线，如图 16-37 所示。

3）使用 CD 各面图片。将"CD 正面.jpg""CD 背面.jpg""CD 高.jpg"图片文件分别复制到平面图中，利用移动工具调整图片位置，得到图 16-38 所示的效果。

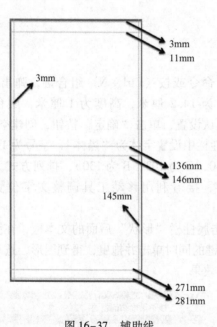

图 16-37 辅助线

图 16-38 放置图片

4）绘制裁切线。选取矩形工具，绘制一个矩形，如图 16-39 所示。单击图层面板中的"创建新的图层"按钮，创建图层。设置前景色为黑色，选取铅笔工具，单击路径面板中的"用画笔描边路径"按钮，描边路径，接着单击路径面板的空白区域，取消路径的显示。

5）修改裁切线。选取橡皮擦工具，设置主直径为 30，硬度为 100%，将多余的矩形擦除，得到图 16-40 所示的效果。

6）绘制封口裁切线。选取圆角矩形工具，在属性栏中设置半径为"20 像素"，沿参考线在封口处绘制一个圆角矩形，如图 16-41 所示。单击图层面板中的"创建新的图层"按钮，创建图层。设置前景色为黑色，选取铅笔工具，单击路径面板中的"用画笔描边路径"按钮，描边路径，接着单击路径面板的空白区域，取消路径的显示。

图 16-39　绘制矩形

图 16-40　修改矩形

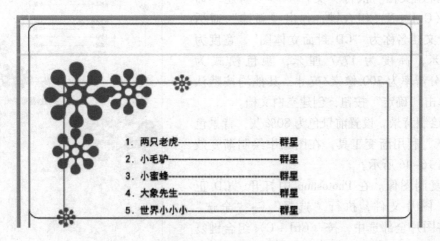

图 16-41　绘制圆角矩形

7）修改裁切线。选取橡皮擦工具，设置主直径为 30，硬度为 100%，将多余的圆角矩形擦除，得到图 16-42 所示的效果。

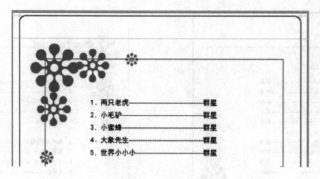

图 16-42　修改路径

8）修改图形。选取铅笔工具，设置主直径为 5 像素，硬度为 100%，其他均按默认设置，按住〈Shift〉键的同时，在圆角矩形底部绘制一条直线，如图 16-43 所示。接着选取橡皮擦工具，设置主直径为 30 像素，硬度为 100%，其他均按默认设置，将多余的矩形擦除，得到图 16-44 所示的效果。

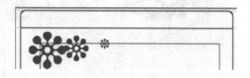

图 16-43　绘制直线

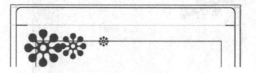

图 16-44　修改直线

9）按〈Ctrl + S〉组合键，将文件保存。最后效果如图 16-45 所示。

16.2.5　制作 CD 封面立体图

1）新建文档。执行"文件"→"新建"命令或按〈Ctrl + N〉组合键，弹出"新建"对话框，设置文档名称为"CD 封面立体图"，宽度为 20.8 厘米，高度为 17.7 厘米，颜色模式为 CMYK，分辨率为 300 像素/英寸，其他均按默认设置，单击"确定"按钮，创建空白文档。

2）绘制背景。设置前景色为 80% 灰，背景色为 15% 灰，利用渐变工具，在图像中绘制渐变效果，如图 16-46 所示。

3）复制图像。在 Photoshop 中打开"CD 正面.jpg"图片文件，执行"选择"→"全选"命令，将图片全部选中，按〈Ctrl + C〉组合键复制，单击新建文档标题栏将其选中，按〈Ctrl + V〉组合键粘贴，利用移动工具调整图片位置，得到图 16-47 所示的效果。

图 16-45　最后效果图

图 16-46　填充颜色

图 16-47　复制图像

4）制作盘盒图形。执行"图层"→"复制图层"命令，弹出"复制图层"对话框，按照默认设置，单击"好"按钮，复制该图层。按〈Ctrl〉键的同时单击复制的图层载入选区，设置前景色为黑色，按〈Alt + Delete〉组合键用前景色填充，按〈Ctrl + D〉组合键取消选区，接着按〈Ctrl + T〉组合键，按住〈Shift〉键的同时调整图像宽度，也可以直接在属性栏中设置调整的宽度为 6%，按〈Enter〉键确认调整，利用移动工具调整图片位置，得到图 16-48 所示的效果。

5）调整盘盒图形。按〈Ctrl + T〉组合键，按住〈Ctrl + Shift + Alt〉组合键的同时，单击并拖拽矩形左上角的锚点，扭曲调整图像，按〈Enter〉键确认调整，得到图 16-49 所示的效果。再次按〈Ctrl + T〉组合键，根据需要适当改变矩形宽度与高度，按〈Enter〉键确认调整，利用移动工具调整图片位置，得到图 16-50 所示的效果。

图 16-48　制作盘盒

图 16-49　调整盘盒

6）描边图形。按〈Ctrl〉键的同时单击图层 1 副本载入选区，单击路径面板中的"从选区生成工作路径"按钮，将当前选区转化为路径。设置前景色为白色，选取画笔工具，设置主直径为 5 像素，硬度为 100%，其他均按默认设置。单击路径面板中的"用画笔描边路径"按钮，接着用鼠标单击路径面板的空白区域，取消路径的显示，得到图 16-51 所示的效果。

图 16-50　调整盘盒图形　　　　　　　　　　图 16-51　描边路径

7）调整图像透视。用鼠标单击选中图层 1，按〈Ctrl + T〉组合键，按住〈Ctrl + Shift + Alt〉组合键的同时，单击并拖曳图像右上角的锚点，扭曲调整图像，当属性栏中的"设置垂直斜切"选项显示为 1.1 度时，按〈Enter〉键确认调整，得到图 16-52 所示的效果。保存"CD 封面立体图"。

8）制作 CD 背面。将"CD 封面立体图"另存为"CD 背面立体图"，在 Photoshop 中打开"CD 背面.jpg"图片文件，执行"选择"→"全选"命令，将图片全部选中，按〈Ctrl + C〉组合键复制，单击新建文档标题栏将其选中，按〈Ctrl + V〉组合键粘贴，利用移动工具调整图片位置，得到图 16-53 所示的效果。

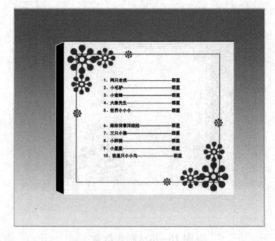

图 16-52　CD 封面立体图　　　　　　　　　图 16-53　制作 CD 背面

9）调整图像透视。按〈Ctrl + T〉组合键，按住〈Ctrl + Shift + Alt〉组合键的同时，用鼠标单击并拖曳图像右上角的锚点，扭曲调整图像，当属性栏中的"设置垂直斜切"选项显示为 1.1 度时，按〈Enter〉键确认调整，得到图 16-54 所示的效果。保存"CD 背面立体图"。

图 16-54　CD 背面立体图

16.3　强化训练

16.3.1　设计制作"青春的喝彩"CD 包装平面效果图

在 Photoshop CC 2015 中设计制作"青春的喝彩"CD 包装平面效果图。要求作品与图 16-55 所示的效果一致。

图 16-55　CD 包装平面效果图

操作小提示：利用"变换选区"命令，按住〈Shift + Alt〉组合键来制作同心圆。

16.3.2　设计制作"贝贝服饰精品屋"手提袋

在 Photoshop CC 2015 中打开图 16-56 ～ 图 16-59 所示的素材图片，设计制作"贝贝服饰精品屋"手提袋立体效果图。要求作品与图 16-60 所示的效果一致。

图 16-56   蓝天白云

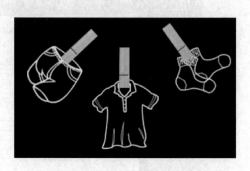

图 16-57   衣物

图 16-58   小天使

图 16-59   绳子

图 16-60   手提袋立体效果图

操作小提示：

1）利用"渐变填充"命令制作手提袋背面和侧面的立体效果。

2）利用图层的"强光"混合模式和改变图层"不透明度"来制作手提袋的倒影效果。

任务 17　酒瓶瓶贴设计

17.1　知识准备——动作

17.1.1　关于动作面板

有些情况下需要对多个图像进行相同的处理，Photoshop 通过动作面板提供了批处理的功能。在操作图像的过程中可以将每一步执行的命令都记录在动作面板中，在以后的操作中，只需单击"播放"按钮，就可以对其他文件或文件夹中的所有图像执行相同的操作。在 Photoshop 中，由若干命令组成的这样一个操作，被称为一个"动作"。

"动作"可以包含暂停，这样可以执行无法记录的任务（如使用绘画工具等）。"动作"也可以包含对话框，从而可在播放"动作"时在对话框中输入数值。

执行"窗口"→"动作"命令，会弹出动作面板，如图 17-1 所示。在 Photoshop 的动作面板中带有一些"默认动作"。"默认动作"名称的左边有一个文件夹图标，表明"默认动作"是一个"动作组"。单击文件夹图标前面一个向右的三角形，即可将其中的动作在下面显示出来，如图 17-2 所示。

图 17-1　动作面板　　　　　　　图 17-2　默认动作

选中某个默认动作，如图 17-2 所示。在动作面板的最下方是一排小图标，这些图标从左到右分别表示：停止/播放记录、开始记录、播放当前选中的命令、创建动作组、创建新建动作和删除动作。如用户需要使用默认动作，则单击该动作下方的按钮 ▶ 即可。

17.1.2　创建并使用动作

1）打开任意一幅图像，如图 17-3 所示。

2）在动作面板右上角的弹出菜单中选择"新建组"命令，或单击动作面板下方的 ▢ 图标，弹出"新建组"对话框，单击"好"按钮，即可生成一个新的动作组，如图 17-4 所示。

图 17-3 素材图片 1

图 17-4 新建组

3）在动作面板右上角的弹出菜单中选择"新建动作"命令，或直接用鼠标单击动作面板下面的■图标，弹出"新建动作"对话框，如图 17-5 所示。

4）单击图 17-5 所示的对话框中右上角的"记录"按钮，即可回到动作面板状态，并且面板中具有圆形图标的记录按钮呈红色，如图 17-6 所示。此时选择各种命令进行操作时，就会被记录在动作面板中。

图 17-5 "新建动作"对话框

图 17-6 开始记录

依次对图 17-3 所示的图像执行如下操作。

① 选择工具箱中的椭圆选框工具，在图像中拖曳出椭圆选区。

② 执行"选择"→"羽化"命令，在弹出的对话框中将羽化数值设定为 20 像素。

③ 执行"选择"→"反选"命令，将选中的区域取消选择，将未选中的区域选中。

④ 按键盘上的〈Delete〉键将周边区域删除至白色。

⑤ 执行"选择"→"取消选择"命令，或选择椭圆选框工具在图像上用鼠标单击，将选择范围取消。

在动作面板中单击■图标停止记录。图像处理结果如图 17-7 所示。在图 17-8 所示的动作面板中记录了以上所有的操作。

图 17-7 素材图片 1 处理结果

图 17-8 记录的动作

5）打开另外一张图像，如图 17-9 所示。在动作面板中选中刚才记录的动作，然后用鼠标单击动作面板中的▶图标播放当前动作，会得到图 17-10 所示的效果。

图 17-9　素材图片 2　　　　　　　　图 17-10　素材图片 2 处理结果

17.2　实战演练——皇城金牌葡萄酒包装设计制作实例

为皇城金牌葡萄酒制作包装平面图，通过该案例的设计与制作，可以进一步学习和体会商业产品包装的设计特点和过程，熟悉并掌握动作面板、图层蒙版、形状工具以及文字处理等工具的应用。

打开图 17-11 和图 17-12 所示的素材图片。

图 17-11　长城素材图片　　　　　　　图 17-12　Logo 素材图片

17.2.1　制作底图

1）新建文档。执行"文件"→"新建"命令或按〈Ctrl + N〉组合键，弹出"新建"对话框，设置文档名称为"皇城金牌葡萄酒包装设计"，宽度为 10 厘米，高度为 13 厘米，颜色模式为 RGB，分辨率为 72 像素/英寸，单击"确定"按钮，创建空白文档。

2）划分区域。执行"视图"→"标尺"命令或按〈Ctrl + R〉组合键，显示标尺。利用标尺将包装横向等分为两个部分，第一条参考线在 5 cm 处。

3）复制图像。打开图 17-11 所示的素材图片，执行"选择"→"全选"命令，将图片全部选中，按〈Ctrl + C〉组合键复制。单击"皇城金牌葡萄酒包装设计"文件标题栏将其选中，按〈Ctrl + V〉组合键粘贴，接着利用移动工具调整图片位置，得到图 17-13 所示的效果。

4）调整图像大小。执行"编辑"→"自由变换"命令或按〈Ctrl + T〉组合键，按住〈Shift〉键的同时等比例调整文件大小，按〈Enter〉键确认调整，接着利用移动工具调整图片位置，得到图 17-14 所示的效果。

图 17-13　复制素材

图 17-14　调整大小

5）创建图层蒙版。单击图层面板中的"添加图层蒙版"按钮，为该图层创建图层蒙版。设置渐变。设置前景色为黑色，背景色为白色。选取渐变工具，用鼠标双击渐变工具属性栏中的"渐变编辑器"，弹出"渐变编辑器"对话框，在预设面板中，选择"前景到背景"的渐变，在颜色编辑条上单击，得到一个色标，设置该色标的"颜色"为前景，"位置"为36%。再次在颜色编辑条上单击，得到一个色标，设置该色标的"颜色"为背景，"位置"为60%。继续在颜色编辑条上单击，得到一个色标，设置该色标的"颜色"为背景，"位置"为87%。最后单击颜色编辑条右下角的色标，设置该色标的"颜色"为前景，"位置"为100%。效果如图17-15所示。

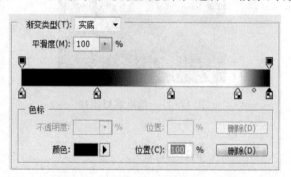

图 17-15　渐变编辑器设置

6）应用渐变。单击"好"按钮，按住〈Shift〉键的同时，自上而下单击并拖曳鼠标，得到图17-16所示的蒙版效果。

7）调整图像颜色。单击图层面板中的"创建新的填充或调整图层"按钮，在弹出的列表中选择"色相/饱和度"选项，弹出"色相/饱和度"对话框，设置编辑为"全图"，色相为29，饱和度为31，明度为0，得到图17-17所示的效果。

8）创建新组。单击图层面板中的"创建新组"按钮，创建图层文件夹，并将该文件夹命名为"上"。单击图层面板中的"创建新的图层"按钮，创建图层，并将该图层命名为"底色"。

9）制作底色。选取矩形选框工具，在属性栏中，设置样式为"固定大小"，接着设置宽度为283像素，高度为50像素，在图像上方单击建立矩形选区，设置前景色为深绿色

（R 为 3，G 为 32，B 为 4），按〈Alt + Delete〉组合键用前景色填充，接着按〈Ctrl + D〉组合键取消选区，得到图 17-18 所示的效果。

图 17-16　应用渐变效果

图 17-17　调整颜色

10）绘制边线。单击图层面板中的"创建新的图层"按钮，创建图层，选取矩形选框工具，设置宽度为 283 像素，高度为 5 像素，在图像上方单击建立矩形选区，设置前景色为白色，按〈Alt + Delete〉组合键用前景色填充，接着按〈Ctrl + D〉组合键取消选区，得到图 17-19 所示的效果。

图 17-18　制作底色

图 17-19　绘制边线

11）处理图像。选取矩形选框工具，设置宽度为 5 像素，高度均为 3 像素，在图 17-20 所示的位置用鼠标单击建立矩形选区，按〈Delete〉键删除，接着按 6 次〈→〉键，向右移动 6 像素，再次按〈Delete〉键删除，得到图 17-21 所示的效果。

图 17-20　制作选区

图 17-21　删除选区

12）记录动作。单击动作面板中的"创建新动作"按钮，弹出"新动作"对话框。设置动作名称为"6次"，单击"记录"按钮，创建动作。接着按6次〈→〉键，向右移动6像素，再次按〈Delete〉键删除，此时单击动作面板中的"停止/播放记录"按钮，停止记录动作。

13）播放动作。单击选中动作面板中的"6次"动作，接着反复单击动作面板中的"播放选区"按钮，播放动作，直到弹出警告对话框，单击"停止"按钮，得到图 17-22 所示的效果。

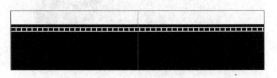

图 17-22　播放动作

14）处理图像。选取矩形选框工具，设置保持不变，在图 17-23 所示的位置用鼠标单击建立矩形选区，按〈Delete〉键删除，接着按12次〈→〉键，向右移动12像素，再次按〈Delete〉键删除，得到图 17-24 所示的效果。

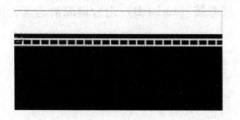

图 17-23　设置选区

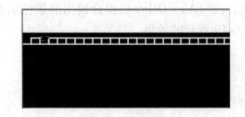

图 17-24　删除选区

15）记录动作。单击动作面板中的"创建新动作"按钮，弹出"新动作"对话框。设置动作名称为"12次"，单击"记录"按钮，创建动作。接着按12次〈→〉键，向右移动12像素，再次按〈Delete〉键删除，此时单击动作面板中的"停止/播放记录"按钮，停止记录动作。

16）播放动作。用鼠标单击选中动作面板中的"12次"动作，接着反复单击动作面板中的"播放选区"按钮，播放动作，得到图 17-25 所示的效果。

图 17-25　播放动作

17）处理图像。选取矩形选框工具，设置保持不变，在图 17-26 所示的位置用鼠标单击建立矩形选区，按〈Delete〉键删除，接着单击选中动作面板中的"12次"动作，反复单击动作面板中的"播放选区"按钮，播放动作，得到图 17-27 所示的效果。

图 17-26 设置选区

图 17-27 播放动作

18）复制图层。执行"图层"→"复制图层"命令，弹出"复制图层"对话框，按照默认设置，单击"好"按钮，复制该图层。选取移动工具，按〈↓〉键调整图像位置，得到图 17-28所示的效果。

图 17-28 复制图层

17.2.2 编辑文字信息

1）输入文字。选取横排文字工具，在图层上方用鼠标单击输入文字"Imperial City"，得到图 17-29 所示的效果。

2）调整文字。选中文字，在属性栏中设置字体为"华文中宋"，字号为 36 点，消除锯齿方法为"浑厚"，颜色为白色，其他均按默认设置，得到图 17-30 所示的效果。

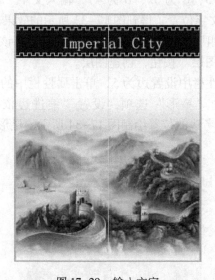

图 17-29 输入文字

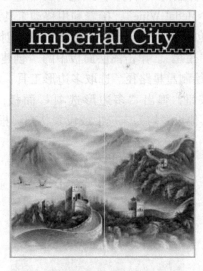

图 17-30 调整文字

3）创建新组。单击图层面板中的"创建新组"按钮，创建图层文件夹，并将该文件夹命名为"中"。单击图层面板中的"创建新的图层"按钮，创建图层，并将该图层命名为"图案 Logo"。

4）复制图像。在 Photoshop 中打开图 17-12 所示的素材图片。执行"选择"→"全选"命令，将图片全部选中，按〈Ctrl + C〉组合键复制。单击"皇城金牌葡萄酒包装设计"文件标题栏将其选中，按〈Ctrl + V〉组合键粘贴，得到图17-31所示的效果。

5）输入文字。选取横排文字工具，在属性栏中设置字体为"华文中宋"，字号为18点，颜色为深绿色（R为3，G为32，B为4），输入文字"皇城金牌葡萄酒"，并将"皇城"设置为"国标楷体"，大小为24点，接着利用移动工具调整文字位置，得到图17-32所示的效果。

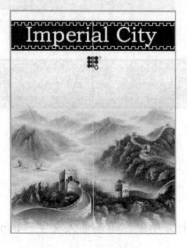

图17-31　复制图像　　　　　　　　　　　图17-32　输入文字

6）输入文字。选取横排文字工具，在属性栏中设置字体为"华文中宋"，字号为8点，消除锯齿方法为"浑厚"，颜色为深绿色（R为3，G为32，B为4），输入文字"Imperial City Gold Medal Wine"，接着利用移动工具调整文字位置，得到图17-33所示的效果。

7）创建新组。单击图层面板中的"创建新组"按钮，创建图层文件夹，并将该文件夹命名为"星星"。单击图层面板中的"创建新的图层"按钮，创建图层。

8）绘制星星路径。选取多边形工具，在属性栏中设置边为5，单击属性栏中的"几何选项"按钮，弹出"多边形选项"面板，勾选"星形"选项，设置"缩进边依据"为50%，其他设置均为未选中或设置状态，根据参考线的位置绘制图17-34所示的星形。

图17-33　输入文字　　　　　　　　　　　图17-34　绘制星星

198

9）填充路径。设置前景色为深绿色（R 为 3，G 为 32，B 为 4），单击路径面板中的"用前景色填充路径"按钮，填充颜色，接着单击路径面板空白区域，取消路径的显示，得到图 17-35 所示的效果。

10）绘制参考圆。利用标尺将画布纵向分为两个部分，参考线在 7.3 cm 处。选取椭圆工具，单击属性栏中的"几何选项"按钮，弹出"椭圆选项"面板，选择"固定大小"选项，设置 W 为 4.9 cm，H 为 4.7 cm，勾选"从中心"选项，将光标的十字与参考线的十字重合后单击，得到图 17-36 所示的效果。

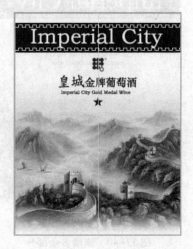 

图 17-35　填充路径　　　　　　　　　图 17-36　绘制参考圆

11）填充颜色。单击图层面板中的"创建新的图层"按钮，创建图层，并将该图层命名为"线"。设置前景色为深绿色（R 为 3，G 为 32，B 为 4），单击路径面板中的"用前景色填充路径"按钮，填充颜色，接着单击路径面板空白区域，取消路径的显示，得到图 17-37 所示的效果。

12）绘制形状。选取椭圆工具，将 W 改为 5.01 cm，H 改为 4.55 cm，其他设置保持不变，将光标的十字与参考线的十字对重合单击，得到图 17-38 所示的效果。

图 17-37　填充颜色　　　　　　　　　图 17-38　绘制形状

13）编辑形状。利用路径选择工具选中刚刚绘制的椭圆，单击路径面板中的"将路径作为选区载入"按钮，载入选区，按〈Delete〉键删除，取消选区，得到图 17-39 所示的效果。

14）删除多余部分。利用矩形选框工具将多余部分选中，接着按〈Delete〉键删除，取消选区，得到如图 17-40 所示。

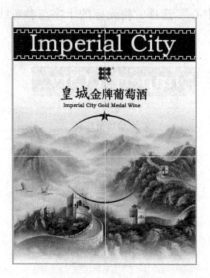

图 17-39　编辑形状　　　　　　　　　　　　　图 17-40　删除多余部分

15）复制图层。用鼠标单击选中"星星"图层，复制该图层，接着执行"编辑"→"自由变换"命令，调整文件角度为 10°，按〈Enter〉键确认调整，接着利用移动工具调整两颗星星的位置，得到图 17-41 所示的效果。

16）再次复制图层。再次复制"星星"图层，调整文件角度为 - 10°，按〈Enter〉键确认调整，接着利用移动工具调整星星的位置，得到图 17-42 所示的效果。

图 17-41　复制星星　　　　　　　　　　　　　图 17-42　再次复制星星

17）输入文字。选取横排文字工具，在属性栏中设置字体为"Exmouth"，字号为 18 点，颜色为深绿色（R 为 3，G 为 32，B 为 4），输入文字"Made In China"，得到图 17-43 所示的效果。

18）创建新组。单击图层面板中的"创建新组"按钮，创建图层文件夹，并将该文件夹命名为"下"。

19）输入文字。选取横排文字工具，在属性栏中设置字体为"华文中宋"，字号为 8 点，颜色为深绿色（R 为 3，G 为 32，B 为 4），输入文字"中国皇城酒业进出口公司 净含量 750 ml"，隐藏辅助线，得到图 17-44 所示的效果。

图 17-43　输入文字（1）

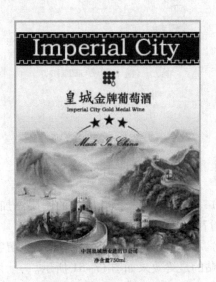

图 17-44　输入文字（2）

20）选择自定形状工具，在属性栏中设置绘制填充像素，选择"丝带 1"形状，如图 17-45 所示。在瓶贴的右上角绘制"丝带 1"的形状，如图 17-46 所示。

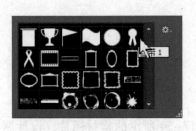

图 17-45　选择"丝带 1"形状　　　图 17-46　绘制"丝带 1"形状

21）为"丝带1"形状所在的图层添加"渐变叠加"图层样式，设置渐变颜色为黄色（R为247，G为237，B为139）到棕色（R为172，G为125，B为34）的线性渐变，其他设置如图17-47所示。效果如图17-48所示。

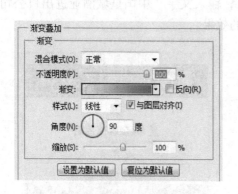

图17-47　渐变叠加设置　　　　　　　　图17-48　渐变叠加效果

22）为"丝带1"形状所在的图层添加"投影"图层样式，设置如图17-49所示。效果如图17-50所示。

23）在丝带上输入文字"金牌"，设置字体为"幼圆"，颜色为黑色，调整文字大小后，得到瓶贴的最终效果如图17-51所示。

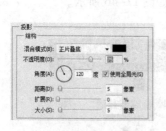

图17-49　投影设置　　　　图17-50　投影效果　　　　图17-51　瓶贴最终效果图

17.3　强化训练

17.3.1　设计麦清啤酒瓶贴

在Photoshop CC 2015中打开图17-52～图17-54所示的素材图片，设计制作麦清啤酒瓶贴效果图。要求作品与图17-55所示的效果一致。

202

图 17-52　啤酒图片

图 17-53　小麦图片

图 17-54　爽口标志

图 17-55　麦清啤酒瓶贴效果图

操作小提示：改变图层的混合模式为"柔光"并调整图层的不透明度，使图片能够很好地融合于背景。

17.3.2　设计五谷米酒瓶贴

参照"任务 17　酒瓶瓶贴设计"和上题中"麦清啤酒瓶贴效果图"的设计过程和技巧，选用图 17-56 的图片素材，自行设计一个五谷米酒瓶贴效果图。设计要求如下。

图 17-56　素材图片

1）有明显的包装视觉设计。

2）颜色搭配鲜明。

3）能体现出民族特色。

任务 18　图书装帧设计

18.1　知识准备——图层组

在 Photoshop 中提供了很多种不同类型的图层，并提供了"图层组"的概念，利用图层组可管理图层。可以将图层组理解为一个装有图层的器皿，它和文件夹的概念是类似的。可以建立不同的图层组用来装载不同类型的图层，如图 18-1 所示。不管图层是否在图层组内，其本身的编辑都不会受到任何影响。

在图层面板中单击 ▢ 按钮，或在面板的弹出菜单中选择"新图层组"命令，或按图 18-2 所示执行菜单中的"图层"→"新建"→"组"命令，都可以创建一个新的图层组。

图 18-1　图层组

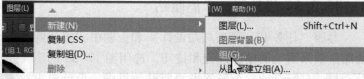

图 18-2　混合选项

图层在图层组内进行删除和复制等操作与没有使用图层组是相同的。另外还可以将原本不在图层组内的图层拖曳到图层组中，或是将原本在图层组中的图层拖曳出图层组。将需要移出图层组的图层拖曳到图层组的上方，出现黑色横条，松开鼠标，图层移出图层组，如图 18-3 所示。将需要放入到图层组的图层拖曳到图层组上，出现黑色边框后，松开鼠标，图层加入图层组，如图 18-4 所示。

直接将图层组拖曳到图层面板下面的垃圾桶图标上，或如图 18-5 所示，在主菜单中执行"图层"→"删除"→"组"命令，均可删除图层组。

图 18-3　移出图层组

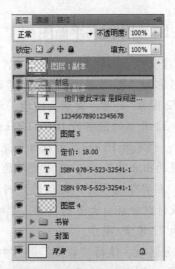

图 18-4　移入图层组

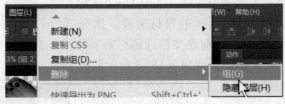

图 18-5　删除组

18.2　实战演练——漫画图书装帧设计制作实例

为阿米漫画书"往左走往右走"制作装帧设计，通过该案例的设计与制作，体会漫画类书籍的装帧特点，熟悉并掌握各种常用的基本操作、扭曲、链接图层、合并图层和图层组等命令的应用。

打开图 18-6 所示的素材图片。

图 18-6　素材图片

18.2.1　制作图书平面图

1）创建文档。启动 Photoshop，执行"文件"→"新建"命令，弹出"新建"对话框，设置文档名称为"图书平面图"，宽度为 281 毫米，高度为 190 毫米，颜色模式为 CMYK，分辨率为 72 像素/英寸，背景为白色，单击"好"按钮，创建空白文档。

提示： 32 开本的图书为 184×130 mm，520 千字的图书在 300 页左右，因此书脊宽度在 11～15 mm，初定为 15 mm。由此得出此书宽度为 130×2+15=275 mm，高度为 184 mm。因为书籍设置的出血为 3 mm，所以文档的宽度为 275+3×2=281 mm，文档高度为 184+3×2=190 mm。在实际制作时，文档的分辨率应设置为 300 像素/英寸，才能满足打印的需要，但考虑到设计时会耗费大量的内存，影响机器的运算速度，因此为了方便教学，将文件的分辨率设置为 72 像素/英寸。

2）划分区域。执行"视图"→"标尺"命令，显示标尺。利用标尺确定图书出血以及其他组成部分的位置，在 3 mm、133 mm、148 mm、278 mm 处各绘制一条竖直参考线，在 3 mm、187 mm 处各绘制一条水平参考线，如图 18-7 所示。

3）复制图形。打开图 18-6 所示的素材文件，执行〈Ctrl+A〉组合键全选，再按住〈Ctrl+C〉组合键复制，接着单击新建文档标题栏将其选中，执行"编辑"→"粘贴"或按〈Ctrl+V〉组合键，粘贴图形，得到图 18-8 所示的效果。

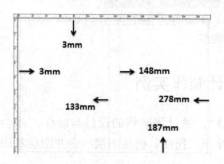

图 18-7　划分区域

图 18-8　导入素材

4）编辑图片。按〈Ctrl+T〉组合键执行自由变换命令，按住〈Shift〉键的同时等比例调整文件尺寸，接着调整图片的位置，按〈Enter〉键确认，得到图 18-9 所示的效果。

5）组织图层。单击图层面板上的"创建新组"按钮，创建图层文件夹。双击新建文件夹的名称部分，将其命名为"封面"，同样方法，建立图层文件夹"书脊"和"封底"，此时图层面板如图 18-10 所示。

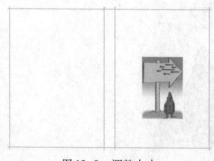

图 18-9　调整大小

图 18-10　组织图层

206

6）输入文字。将图层1拖曳到图层文件夹"封面"中，选取横排文字工具，字符面板设置如图18-11所示。在图像上输入文字"往左走·往右走"，并将"左""右"两个字设置为淡紫色（R为32，G为75，B为159），接着利用移动工具调整文字，得到图18-12所示的效果。

图18-11 属性设置

图18-12 输入文字

7）制作副标题文字。再次选取横排文字工具，在图像上输入"Turn Left, Turn Right"：字体为"segoe print"，大小为18点；"阿米作品"：字体为"宋体"，大小为18点，并利用铅笔工具配合〈Shift〉键绘制多条直线，接着利用移动工具调整文字位置，得到图18-13所示的效果。

8）制作其他文字。同样的方法，在"封面"图层文件夹中输入其他文字信息，出版社为"三味书屋出版社"，华文新魏10点；简单的介绍性文字"每次出门，不管去哪里，他总是习惯性地先向左走；每次出门，不管去哪里，她总是习惯性地先向右走"，黑体8点。最后利用移动工具调整文字的位置，得到图18-14所示的效果。

图18-13 制作副标题

图18-14 制作其他文字

9）输入书脊部分的文字。用鼠标单击选中"书脊"图层文件夹，选取直排文字工具，在"书脊"图层文件夹中输入书名、作者及出版社的名称，文字的字体、字号设置均为与封面中的文字设置保持一致，得到图 18-15 所示的效果。

图 18-15　输入文字

10）绘制图形。单击图层面板中的"创建新图层"按钮，创建图层。选取矩形选框工具，按照书脊的宽度绘制选区，设置前景色为紫色（R 为 55，G 为 69，B 为 152），按〈Alt + Delete〉组合键用前景色填充，取消选区，得到图 18-16 所示的效果。

11）复制素材。单击选中"封面"图层文件夹中的图层 1，复制图层，并将复制的图层拖曳到"封底"图层文件夹中，执行〈Ctrl + T〉组合键，按住〈Shift〉键的同时等比例调整文件尺寸，调整图片位置，按〈Enter〉键确认，得到图 18-17 所示的效果。

图 18-16　绘制图形

图 18-17　复制素材

12）输入文字。选取横排文字工具，在图像上输入评论性文字，"他们彼此深信，是瞬间迸发的热情让他们相遇。这样的确定是美丽的，但变幻无常更为美丽。"，设置字体为"黑体"，大小为 9 点，接着利用移动工具调整文字位置，得到图 18-18 所示的效果。

图 18-18　输入文字

13）制作条码。新建文档，分辨率为 1200 像素/英寸，颜色模式为位图，如图 18-19 所示。输入条码数字，将字体设置为 C39P24DlTt，得到条码如图 18-20 所示。

14）将条码的图层拖曳到书籍的适当位置，分别在条码上方与下方输入其他文字，"ISBN 978-5-523-32541-1""1234567890123456 78"，调整文字位置，效果如图 18-21 所示。

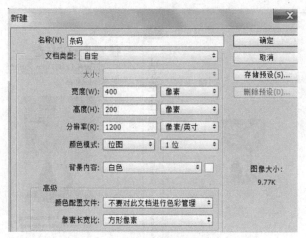

图 18-19　制作条码

15）输入价格信息。选取横排文字，在属性栏设置字体为"宋体"，字号为 10 点，颜色为黑色，在图层上方输入定价和书号，效果如图 18-22 所示。

ISBN 978-5-523-32541-1

定价：18.00

图 18-20　条形码　　　　图 18-21　输入数字　　　　图 18-22　输入价格和书号

16）绘制直线。在"封底"图层文件夹中创建新图层，单击铅笔工具，打开属性栏的"画笔预设"对话框，设置主直径为 1 像素，硬度为 100%，按住〈Shift〉键的同时，利用铅笔工具在刚刚输入的两组文字之间绘制一条直线，调整直线位置，得到图 18-23 所示的效果，并保存文件。

图 18-23　效果图

18.2.2　制作图书立体图

1）新建文档，名称为"图书正面立体图"，宽度为 17 厘米，高度为 20 厘米，颜色模式为 CMYK，分辨率为 72 像素/英寸，单击"确定"按钮。

2）设置背景色。设置前景色为橘红色（R 为 235，G 为 97，B 为 0），按〈Alt + Delete〉组合键用前景色填充。打开刚刚保存的"图书平面图.jpg"，选取矩形选框工具，根据参考线的位置，选中图书封面的区域，按〈Ctrl + C〉组合键复制，单击新建文档的标题栏，按〈Ctrl + V〉组合键粘贴，利用移动工具调整图片的位置，得到图 18-24 所示的效果。

3）复制该图层。将图层 1 副本置于图层 1 下方，选取移动工具，按〈←〉键和〈↑〉键调整图片位置，得到效果如图 18-25 所示。

图 18-24　设置背景色并复制图像

图 18-25　复制图层

4）复制图像。打开刚刚保存的"图书平面图.jpg"，选取矩形选框工具，根据参考线的位置，选中图书书脊的区域，按〈Ctrl + C〉组合键复制，单击新建文档的标题栏，按〈Ctrl + V〉组合键粘贴，利用移动工具调整图片的位置，得到图 18-26 所示的效果。

5）调整图像透视关系。按〈Ctrl + T〉组合键，按住〈Ctrl〉键的同时，单击并拖曳矩形右侧中间的锚点，扭曲调整图像，改变图像的透视关系与宽度，按〈Enter〉键确认调整，接着利用移动工具调整图片的位置，得到图 18-27 所示的效果。

图 18-26　复制图像

图 18-27　调整书脊

6）复制该图层。按住〈Shift〉键的同时，利用移动工具按〈→〉键调整图像位置，得到图 18-28 所示的效果。

7）保存"图书正面立体图"文件。再执行"文件"→"另存为"命令，弹出"存储为"对话框，设置文件名为"图书背面立体图"，格式为 PSD，单击"保存"按钮，将文件保存。

8）复制图像。打开"图书平面图 . jpg"，选取矩形选框工具，根据参考线的位置，选中图书封底的区域，按〈Ctrl + C〉组合键复制，单击"图书背面立体图"的标题栏，按住〈Ctrl〉键的同时单击图层 1，载入选区，按"编辑"→"粘贴入"命令，得到图 18-29 所示的效果。

图 18-28　图书正面立体图

图 18-29　复制图像

9）填充图像。用鼠标单击选中图层 2，按住〈Ctrl〉键的同时单击图层 2，载入选区，设置前景色为白色，按〈Alt + Delete〉组合键用前景色填充，接着按〈Ctrl + D〉组合键取消选区，得到图 18-30 所示的效果。

10）添加投影。除了背景图层，将其他所有图层链接，按〈Ctrl + E〉组合键合并图层，单击图层面板中的"添加图层样式"按钮，选择"投影"，设置混合模式为"正片叠底"，不透明度为 75%，角度为 120，距离为 5，扩展为 0，大小为 5，单击"好"按钮，得到图 18-31 所示的效果。

图 18-30　填充

图 18-31　添加投影（1）

11）添加投影。打开"图书正面立体图 . psd"，除了背景图层，将其他所有图层链接，按〈Ctrl＋E〉组合键合并图层，单击图层面板中的"添加图层样式"按钮，选择"投影"，设置混合模式为"正片叠底"，不透明度为75%，角度为120，距离为5，扩展为0，大小为5，单击"好"按钮，得到图18-32所示的效果。

图 18-32　添加投影（2）

18.3　强化训练

18.3.1　"科普丛书"装帧设计

在 Photoshop CC 2015 中打开图 18-33 ~ 图 18-35 所示的素材图片，设计制作"科普丛书"书籍平面效果图，要求作品与图 18-36 所示的样本一致。

图 18-33　背景　　　　　　　　　图 18-34　条形码

图 18-35　科普图片

图 18-36 书籍平面效果图样本

操作小提示：利用"颜色叠加"命令调整"科普图片"素材图片的色调。

18.3.2 房产宣传册装帧设计

参照"任务 18 图书装帧设计"和上题书籍装帧的设计方法和技巧，利用图 18-37 和图 18-38 的素材图片，自主设计一幅房产宣传画，要求设计简洁、大气和醒目，主旨鲜明，充满时代气息，并具有较强的推销性。

图 18-37 素材 1

图 18-38 素材 2

单元小结

1）综合运用 Photoshop 的各种操作，可以制作各种形状规则的包装效果图。

2）设计过程中，如果图层较多难以管理，除了需要对每个图层规范命名外，合理使用图层组来管理图层也是一种较好的方法。

3）在设计包装立体效果图时，往往使用图像透视和图像变形方法来对包装的侧面图像进行变换。

4）在设计过程中如需要对某一系列动作反复操作，可以创建并使用动作来提高工作效率。

作业

1）在 Photoshop CC 2015 中打开图 18-39 所示的素材图片，设计制作"女性购物袋"立体效果图。要求作品与图 18-40 所示的样本一致。

图 18-39　素材　　　　　　　　图 18-40　女性购物袋包装效果图

操作小提示：

① 运用"编辑"→"变换"→"扭曲"命令制作立体效果。

② 利用图层蒙版和渐变填充来制作手提袋倒影效果。

2）在 Photoshop CC 2015 中打开图 18-41 所示的素材图片，设计制作"糖果包装设计"效果图。要求作品与图 18-42 所示的样本一致。

图 18-41　素材　　　　　　　　图 18-42　糖果包装设计效果图

操作小提示：

① 设置前景色为黑色，选取画笔工具，设置硬度为 0，不透明度为 20%，在图像上绘制出包装暗部。

② 设置前景色为白色，选取画笔工具，设置硬度为 0，不透明度为 90%，在图像上绘制出包装亮部。

第 6 单元

综合应用实例

【职业能力目标与学习要求】

Photoshop 凭借自身强大的图形图像处理功能，在专业图像设计领域拥有绝对的权威。本单元综合应用 Photoshop 技术来设计常见的实用型平面图像作品。通过学习，要求达到以下目标：

1) 了解各类常见平面图像作品的特点及设计要素。
2) 掌握路径、选区、图层的基本操作方法。
3) 能够熟练应用渐变、滤镜、图层样式等来制作特殊的效果。
4) 能够综合应用 Photoshop CC 2015 各种功能设计制作图像作品。

任务 19　设计制作海报

19.1　知识准备——海报设计要点

Photoshop CC 2015 的一个重要应用领域就是海报设计，它能使设计者的创作意图得以完美展现，可以说没有做不到，只有想不到。在设计之前先要了解海报的设计要点以及本任务音乐会海报设计过程中所要应用的主要 Photoshop 技术。

19.1.1　海报定义

海报又称为招贴画，是人们极为常见的一种信息传递艺术，多用于电影、戏剧、比赛和文艺演出等活动，一般粘贴在街头墙上或者橱窗里引人注目的地方。海报的语言要求简明扼要，一目了然；形式要做到新颖美观，引人入胜。海报中通常要写清楚活动的性质、主办单位、时间、地点等内容。

19.1.2　海报设计注意事项

海报的设计要做到主题突出，目的明确，言简意赅，所采用的图片素材能够很好地为主题服务，让人一眼就能看出所要表达的意境。在设计上要注意以下几点。

1. 尺寸要求

海报一般都是按张贴地点而定尺寸的，所以绝无统一标准，常见的尺寸有 1.2 m×1 m。要注意，若是大海报，分辨率不需要太高，72 像素/英寸或者更低都行。

2. 内容要求

海报一定要具体真实地写明活动的时间、地点和内容。可以使用一些号召性的词语，但不可夸大事实。

3. 字体要求

海报文字要求简洁明了，字体浑厚、清晰，绝不允许出现错别字。若涉及较多文字，则可采用一些艺术性字体，以致美观。

4. 色彩要求

色彩搭配要鲜明醒目，但绝不能眼花缭乱，要符合海报设计的整体意境。

19.1.3　路径编辑

在本任务音乐会海报设计过程中多处用到路径知识，下面介绍一下路径的绘制方法以及一些与路径相关的编辑操作。

Photoshop CC 2015 工具箱中提供图 19-1 所示的钢笔工具组，利用这些工具基本可以满足绘制任何线条和图案的设计要求。在选取钢笔工具和自由钢笔工具时，工具选项栏会显示

图 19-2 所示的钢笔工作组属性栏，可以选择"形状图层"□、"路径"⬚或者"填充像素"□中的一种来确定所绘制图案的性质，它们之间的区别在第 9.1.2 节中已作介绍，这里就不赘述了。

图 19-1　钢笔工具组　　　　　　　　　　图 19-2　钢笔工具属性栏

1. 绘制路径

钢笔工具：应用钢笔工具☑绘制路径的方法在"任务 11　设计制作绿色环保灯泡"中已作介绍，此处不再赘述。

自由钢笔工具：使用自由钢笔工具☑，与铅笔工具一样，可以随意拖动鼠标创建不规则的路径。

添加锚点工具☑：在现有的路径上用鼠标单击该工具可以添加一个锚点，同时产生两个手柄，可移动手柄对路径进行调节。

删除锚点工具☑：在现有路径的锚点上用鼠标单击该工具，可以删除一个锚点，而原来路径将自动调整以保持连贯。

转换点工具☑：使用该工具可以在平滑曲线转折点和直线转折点之间进行转换。

2. 路径选择工具简介

Photoshop CC 2015 工具箱中提供图 19-3 所示的路径选择工具组，包括路径选择工具和直接选择工具。

图 19-3　路径选择工具组

路径选择工具☑：使用路径选择工具选择路径后，被选中的路径以实心点的方式显示各个锚点，表示已选中整个路径。

直接选择工具☑：使用直接选择工具选择路径后，被选中的路径以空心点的方式显示各个锚点。

3. 路径的填充和描边

该内容在"任务 9　设计制作 Logo"中已作介绍，此处不再赘述。

19.2　实战演练——音乐会海报制作实例

本节主要训练学生在掌握了海报设计要素后，综合应用钢笔、路径、自定义形状工具以及滤镜等功能，设计制作音乐会海报。

制作思路：本实例制作的是五四青年节的青春之声音乐会海报，为了体现春意盎然、朝气蓬勃的特点，以绿色为主色调，选择体现主题特色的图片加以点缀。设计过程中主要应用了钢笔、路径、自定义形状工具、图层样式以及滤镜等功能。

19.2.1　设计海报背景

1）新建一个音乐会海报的文件，具体参数设置如图 19-4 所示。由于考虑到计算机配置较低的问题，本案例将等比例缩小到 800 像素 ×500 像素来制作。

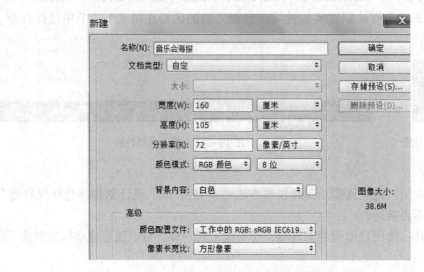

图 19-4 "新建" 对话框

2）将前景色设置为#60c22f，背景色设置为#92e12d，执行"滤镜"→"渲染"→"云彩"命令，得到图 19-5 所示的效果。云彩滤镜随机性很强，可以按〈Ctrl + F〉组合键反复选择，得到最佳的效果。

3）单击钢笔工具 ，在钢笔工具属性栏中执行"路径"按钮。在图像左下角单击绘制第一个锚点，移动鼠标到图像中间单击并拖动绘制第二个锚点，再移动鼠标到图像的右上角单击并拖动绘制第三个锚点。按住〈Ctrl〉键，单击路径外任意处，即可绘制出一条曲线。选择直接选择工具 ，单击各个锚点，拖动手柄，调整曲线的幅度，得到图 19-6 所示的效果。

图 19-5　滤镜云彩效果图

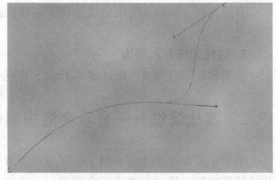

图 19-6　钢笔工具绘制曲线

4）选择路径选择工具 ，按住〈Alt〉键，拖动路径进行复制，并对复制得到的路径稍作修改，效果如图 19-7 所示。设置画笔的笔触为 4 像素，颜色为#effd08，单击路径面板右上角按钮 ，选择"描边路径"，在弹出的"描边路径"对话框中勾选"模拟压力"后，单击"确定"按钮，再将路径删除，得到图 19-8 的效果。

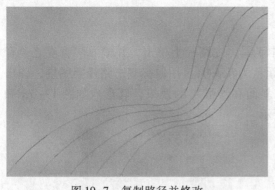

图 19-7　复制路径并修改

图 19-8　画笔工具描边路径

5）打开图案素材图片（素材位于第 6 单元素材图片/任务 19），执行"选择"→"色彩范围"，选择黑色图案，单击工具箱中的矩形选框工具，将鼠标移到选区上，再拖动图案选区到海报文件的左上角。新建一个图层，将该图层命名为"图案"，用#baf647 颜色填充选区，再将"图案"图层的不透明度设置为 35％，效果如图 19-9 所示。

6）新建一个图层，设置前景色为#eefe97，选择自定义形状工具，单击属性工具栏中的"填充像素"模式按钮，选择图 19-10 中的一种音符，在图片中用鼠标拖动，即可画出该音符。用同样的方法，再绘制几个音符和蝴蝶图形，并调整这些图形具有不同的透明度和位置，得到图 19-11 所示的效果。

图 19-9　图案效果

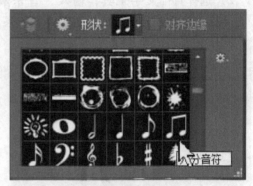

图 19-10　预设的形状图形

7）将人物素材去除背景后，拖到图片中，适当调整其大小及位置，得到图 19-12 所示的效果。

图 19-11　绘制音符和蝴蝶

图 19-12　添加人物后的效果

19.2.2 设计海报文字

1) 使用钢笔工具绘制一条曲线，选择文本工具，在路径上单击，并输入"青春之声音乐会"，设置字体为"隶书"，大小为72点，颜色为#fced01。用鼠标双击路径字图层，弹出"图层样式"对话框，分别设置"投影"和"斜面和浮雕"的效果，其参数如图19-13和图19-14所示。此时图片的效果如图19-15所示。

图 19-13 "投影"参数　　　　　　　　　　图 19-14 "斜面和浮雕"参数

2) 选择直排文字工具，输入"音乐陶冶人的情操，音乐是舞者的灵魂，音乐更是……"文字，用同样的方法设置字体的效果，得到如图19-16所示。

图 19-15 标题文字效果　　　　　　　　　　图 19-16 直排文字效果

3) 最后，在图片的右下角输入音乐会的地点和时间，设置字体的"投影"样式，得到最终效果如图19-17所示。

图 19-17 音乐会海报最终效果图

222

19.3　强化训练——设计制作园艺博览会宣传海报

应用以上介绍的海报设计要点，结合 Photoshop 中的渐变、图层透明度以及图层样式等功能，设计制作图 19-18 所示的新春园艺博览会海报。其中所用到的图片素材位于"第 6 单元素材图片/任务 19/园艺博览会海报"文件夹中。

图 19-18　新春园艺博览会海报最终效果图

操作小提示：

1）新建一个大小为 26 cm×36 cm，分辨率为 150 像素/英寸，名称为"新春园艺博览会海报"的文件。采用由#b1d205 到#5ba335 的渐变色，选取"径向渐变"，从中心往左上角方向径向填充背景，得到图 19-19 所示的效果。将素材包中的"素材 1"图片添加到文件中，并对其大小和位置进行修改，得到图 19-20 所示的效果。

图 19-19　渐变填充背景效果

图 19-20　添加"素材 1"图片

2）选择橡皮擦工具，在属性工具栏上设置橡皮擦的模式为"画笔"，笔触大小为463，不透明度为46%，流量为72%，如图19-21所示。

图19-21　设置橡皮擦属性

3）用步骤2）设置好的橡皮擦，来擦拭图19-20的鲜花图片，得到图19-22所示的效果。

4）将素材包中的"鲜花"图片添加到文件中，抠除背景后，再适当地调整其大小和位置，得到图19-23所示的效果。再执行"图像"→"调整"→"色相/饱和度"，在弹出的"色相/饱和度"对话框中，将色相设为50，饱和度和明度均为0，即可得到图19-24所示的效果。

图19-22　鲜花擦拭后的效果　　　图19-23　添加鲜花图片　　　图19-24　调整鲜花的颜色

5）将素材包中的"Logo"图片添加到文件中，摆放到图19-25所示的位置。接着输入相应的文字，即可完成新春园艺博览会海报的制作，得到效果如图19-26所示。其中，文字主要是应用了图层样式中的描边效果。

图19-25　添加Logo　　　　　　图19-26　新春园艺博览会海报效果图

任务 20　设计制作户外广告

20.1　知识准备——户外广告设计要点

Photoshop 凭借自身强大的图形图像处理功能，在广告设计领域具有绝对的优势。综合应用 Photoshop 中的羽化、滤镜及图层样式，可以制作出精美绝伦的图像和文字特效，往往是广告牌的点睛之笔。这里先简单了解户外广告的设计要点以及水波滤镜的用法。

20.1.1　户外广告定义

户外广告是一种在露天或公共场合以流动受众为传递目标的广告媒介形式，如路边广告牌、商铺招牌等。大小按具体使用环境而定，设计宗旨是抓住顾客"想了解"的欲望。由于户外广告牌具有人们经过时不得不看，而不像电视广告可以选择不看的特点，所以一个能给人留下深刻印象的广告牌对产品的宣传是非常有效果的。

20.1.2　户外广告分类

根据户外广告的不同特性，可分为固定广告牌和移动广告两种类型。固定广告牌主要包括大型广告牌、人行道广告牌和交通类广告。移动广告主要包括公交车身广告、热气球和飞船广告等。

根据户外广告的表现形式，可分为平面和立体两种类型。平面的主要包括路牌广告、招贴广告、壁墙广告、海报和条幅等。立体的主要包括霓虹灯、广告柱以及广告塔、灯箱广告等。其中，路牌、招贴是户外广告中最为重要的两种形式，影响最大。

20.1.3　户外广告设计注意事项

1. 主题突出

因为人们停留的时间只有几秒钟，没有多余的时间思考，所以应该做到一看就知道广告牌的主题是什么，能够直捣人们的"心灵"。在设计过程中要考虑到你要对谁说？要说明什么？说的是否是他（目标）所关注的？说的是否能与他（目标）产生共鸣？只有以这些问题为出发点，才能很好地表达主题，给人回味的空间。

2. 画面清晰可见

考虑到受众的距离可能较远，因此要强调广告牌的可视性和辨识度，尽量避免内容过挤、字体过小、颜色过于接近等原因而引起的辨识度问题。若广告牌具有夜间照明的功能，还要考虑照明效果的问题。

3. 素材选取

户外广告牌对于图片素材的要求首先要考虑的问题就是代表性和典型性，所选取的图片要能够很好地突出主题所要表达的意境。其次要求图片非常清晰，具有较高分辨率，色调和光照效果都很好。

对于文字素材来说，由于广告牌上不能放置很多的文字，所以要拿最典型的、最具广告效果的文字来描述，要根据广告主题概括出最精辟的语句。

4. 分辨率设置

由于户外广告牌的尺寸较大，往往几米甚至几十米，且受众群体主要是远观，因此分辨率可以不用太高，四五十像素/英寸即可，一般不超过72像素/英寸。切记不可制作小幅图片再等比例放大。

20.1.4　水波滤镜

使用水波滤镜可以得到水波涟漪效果，其对话框及效果图如图20-1所示。在"水波"对话框中，数量绝对值越大，水波效果越明显；起伏值越大，波纹数越多。在其样式下拉列表中有"围绕中心""从中心向外""水池波纹"3种样式可供选择。

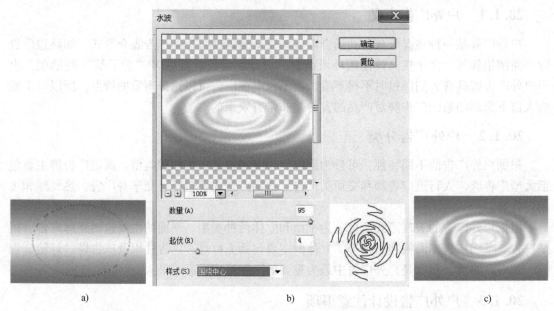

a)　　　　　　　　　　　　　　　　b)　　　　　　　　　　　c)

图20-1　"水波"对话框及水波滤镜应用前后对照图

a) 确定选区　b) "水波滤镜"对话框　c) 水波滤镜效果

20.2　实战演练——旅游景区户外广告牌制作实例

本实例主要训练学生综合应用Photoshop中的套索、羽化、滤镜及图层样式等功能，制作高速路旁的天禧江旅游景区户外广告牌。

制作思路：构思上，结合案例自身的特点分析，采用蓝色图片为背景，这种颜色与天空一致，正好符合了旅游时的心情，让人觉得很亲切。而采用天禧江景区最具代表性的景点图片为素材，则可以让行人对主要景区的特色一目了然。技术上，采用通过Photoshop的羽化、滤镜、投影等手段让图片和文字浑然一体，构造出一种清新舒爽的意境。

使用素材如下。

1）图片素材：天空草地.jpg、岩石.jpg、瀑布.jpg、古村.jpg、漂流.jpg、山峰.jpg，均位于"第6单元素材图片/任务20/旅游景区户外广告牌"中。

2）文字素材："天州""天禧江""中国山水画摇篮 国家级风景名胜区"。

20.2.1 设计广告牌背景

1）本户外广告实际设计时应采用大小为460 cm×200 cm，分辨率为72像素/英寸。这里考虑到计算机配置较低，不宜设计太大图片的原因，准备模拟设计同样宽高比的800像素×350像素图片文件，如图20-2所示。

2）打开天空草地素材图片，用矩形选框选中天空部分，将其拖放到"旅游广告"文件中，适当调整其大小，得到图20-3所示的效果。

图 20-2 新建文件　　　　　　　　　　　图 20-3 天空草地图片

3）在天空草地图片下方空白处绘制一个选区，选择线性渐变工具，其渐变颜色设置如图20-4所示。在选区中由上往下拖动该渐变工具，得到图20-5所示的效果，按住〈Ctrl + D〉组合键，取消选区。

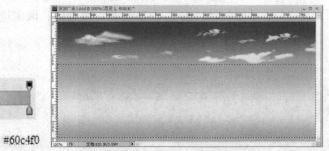

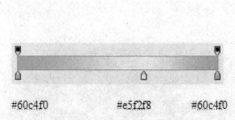

#60c4f0　　　　　#e5f2f8　　　　　#60c4f0

图 20-4 渐变颜色设置　　　　　　　　　图 20-5 填充渐变效果

4）选择工具箱中的涂抹工具，设置涂抹工具的参数如图20-6所示，在天空图片和渐变区域的交界处进行多次涂抹，使天空图片和渐变区域浑然一体，如图20-7所示。

图 20-6 涂抹工具参数设置　　　　　　　图 20-7 涂抹后的效果图

20.2.2　设计广告牌图片

1）打开岩石图片，按住〈Ctrl＋A〉组合键，用移动工具将该图片拖动到"旅游广告"文件的图层2中。按住〈Ctrl＋T〉组合键，缩小图片，得到图片效果如图20-8所示。（注意：为了确保该图片宽高比不变，要按住〈Shift〉键，沿着图片对角线的方向进行缩小。）

2）选择魔棒工具，在工具栏上将魔棒的容差值设置为50，单击岩石图片的天空部分，按〈Delete〉键，得到图20-9所示的图片效果。按住〈Ctrl＋D〉组合键，取消选区。

图20-8　调整岩石图片大小　　　　　　　图20-9　去除岩石图片天空部分

3）选择套索工具，在工具栏上将套索工具的羽化值设置为40像素，在岩石图片上勾画出图20-10所示的选区，再执行"选择"→"反向"命令后，按5次〈Delete〉键，得到图20-11所示的效果。按住〈Ctrl＋D〉组合键，取消选区。

图20-10　勾选岩石图片　　　　　　　　　图20-11　删除选区内容

4）为了使岩石图片能和背景图片融为一体，使用涂抹工具在岩石图片边缘进行涂抹，再用减淡工具，将岩石图片远处的山减淡，再适当调整岩石图片的位置，得到图20-12所示的效果。

5）在图20-13的图层面板中，选中图层1，绘制出一个图20-14所示的柱子1选区，按住〈Ctrl＋J〉组合键，将选区复制并粘贴到图层3，适当移动该柱子1的位置如图20-15所示。

228

图 20-12　岩石图片最终效果

图 20-13　图层面板

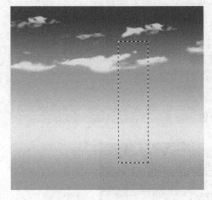

图 20-14　勾画柱子 1 选区

图 20-15　复制并移动柱子 1

6）打开素材包中的"瀑布"图片，用套索工具勾画出选区后，将其移动到"旅游广告"文件中，即图层 4。适当调整该素材图片的大小后，将其拖放到柱子 1 上，如图 20-16所示。

7）同时选中图层 3 和图层 4，用鼠标右键单击，选择"合并图层"命令，其合并后的图层名为图层 4。用多边形套索工具在图层 4 上勾画选区，执行"选择"→"反向"命令后，按〈Delete〉键将其删除，再按〈Ctrl + D〉组合键，取消选区，得到图 20-17 所示的效果。

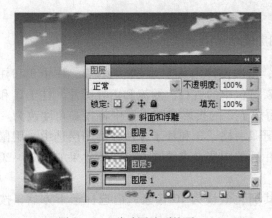

图 20-16　移动图片到柱子 1 上

图 20-17　柱子 1 图片效果

229

8）用鼠标双击图层4，在打开的"图层样式"对话框中，设置其投影参数如图20-18所示。得到的柱子1效果如图20-19所示。

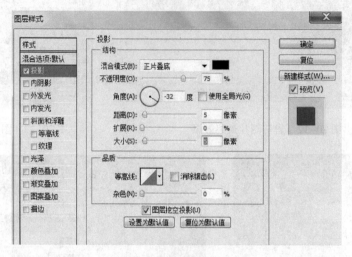

图20-18　投影参数设置

图20-19　添加图层样式后的柱子1

9）用步骤5）、6）、7）、8）同样的方法，依次设计出从左到右的柱子2、柱子3和柱子4。其中柱子2、柱子3和柱子4分别用到素材包中的古村、漂流和山峰图片。柱子3和柱子4的投影参数都如图20-18所示一致，而柱子2的投影参数设置中将投影角度改为-120°，其他投影参数值不变。再将柱子1、柱子2、柱子3和柱子4所在的图层选中，用鼠标右键单击，选择"合并图层"命令，将合并后的图层命名为图层4，其效果如图20-20所示。

10）选择矩形选框工具，在工具栏上将其羽化值设为10像素，框选柱子下方后，按〈Delete〉键两次，得到图20-21所示的效果。

图 20-20　四根柱子的最终效果　　　　　　　　　　图 20-21　羽化柱子底部

11）定位到图层 1，用椭圆选框工具绘制出图 20-22 所示的选区，执行"滤镜"→"扭曲"→"水波"命令，在"水波"对话框中设置参数如图 20-23 所示，得到水波效果如图 20-24 所示。

图 20-22　勾画椭圆选区　　　　　　　　　　　图 20-23　水波滤镜设置

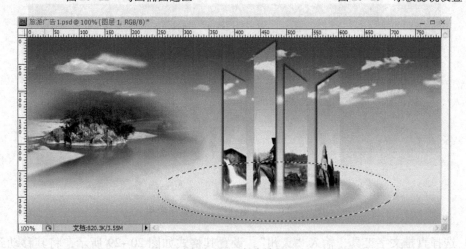

图 20-24　水波效果

20.2.3 设计广告牌文字

1）将"第6单元素材图片/任务 20/旅游景区户外广告牌"中的"金梅浪漫闪电"字体复制并粘贴到计算机的"控制面板"→"字体"中，这样在 Photoshop CC 2015 中就可以应用该字体了。

2）选择工具箱中的直排文字工具，输入"天禧江"，设置其字体格式如图 20-25 所示。用鼠标双击图层面板中的"天禧江"文字图层，在弹出的"图层样式"对话框中，"外发光"和"斜面和浮雕"的参数设置见图 20-26 和图 20-27，得到的文字效果如图 20-28 所示。

图 20-25 "天禧江"字体设置

图 20-26 "外发光"参数设置

图 20-27 "斜面和浮雕"参数设置

图 20-28 "天禧江"文字最终效果

3）选择直排文字工具，输入"天州"，设置其格式如图 20-29 所示，将其移动到"天禧江"的右侧。再选择横排文字工具，输入"中国山水画摇篮国家级风景名胜区"，设置其格式如图20-30所示。将其移到文件的左上角，在"中国山水画摇篮"和"国家级风景名胜区"之间绘制一个小圆，填充为白色。至此，该旅游广告设计完成，最终效果如图20-31所示。

图20-31 天禧江旅游景区广告最终效果图

4）图20-32为广告公司制作的最终成品图。

图20-32 天禧江旅游景区广告牌

20.3　强化训练——设计制作体育用品商店招牌广告

结合本节所学的户外广告牌设计特点，为一家体育用品店设计图 20-33 所示的门户招牌广告。其所需的图片素材位于"第 6 单元素材图片/任务 20/体育用品店招牌广告"中，文字素材有店铺的名称"运盛体育专卖店"，店铺电话"电话：0505-66336634"以及店铺地址"地址：上虞市市民大道 333"。

图 20-33　样本效果图

操作小提示：

1）巧妙应用径向和线性渐变工具。

2）每个对象都位于一个图层，设置个别图层的透明度，切记上面图层会覆盖下面图层。

任务 21 设计制作展板

21.1 知识准备——展板设计要点

优秀的展板设计一般有逼真的产品照片，有色彩鲜艳的图形，有耐人寻味的广告文字，还有创意十足的构成和编排。Photoshop 具有对图像进行编辑、合成、校色调色等功能，可对图像和文字进行各种特效处理，给图像添加各种艺术效果，利用它可以将展板的构思与计划以视觉形式完美地表达出来。

21.1.1 展板设计原则

展板一般摆放在引人注目、行人集中的公共场所，通过直接面向群众、影响人心以及时地发挥宣传作用。产品的宣传展板可直接推销产品，引起消费者的购买欲望，提升销量；公益性的宣传展板，可以营造一种良好的和谐氛围，给人深思的感觉。一般来说，在展板的设计过程中，要遵循以下几个原则。

1. 标题醒目

在构思时，首先要明确展板所要表达的中心思想，才能提炼出醒目的、富有感召力的文字标题，使观众产生共鸣。

2. 图片清晰

图片质量决定人们对它的印象，直接关系到版面的视觉效果和情感传达。有时尽管构图简单，但清晰的图片足以表达吸引人的意境，达到了情景交融的效果。

3. 版面合理

版面设计要做到色调统一，疏密有间，一般情况下，把那些重要的、吸引读者注意力的图片或文字放大，从属的图片或文字缩小，形成主次分明的格局，使主题突出，效果表达充分。

21.1.2 展板设计注意事项

在展板设计过程中，要注意以下几个要点。

1）展板的尺寸大小有 60 cm × 90 cm、120 cm × 240 cm 等，一般来说没有固定的尺寸，要根据现场的环境来定。展板的分辨率大小一般为 100 ~ 200 像素/英寸即可，分辨率再大的话，效果也不会太明显，反而降低计算机运行速度。

2）制作过程中尽量不要合并图层，但可以采用分组形式存放图层。图层的保留一方面可保证文件的可更改性；另一方面文本图层或者矢量图层的保留也是文件打印质量的保证。

3）提交制作的最终图像文件作品应该是没有合并图层的 PSD 或者 TIF 文件格式，不能将图片存成压缩率很高的 JPG 格式，否则会损失图片精细度。

21.2 实战演练——环保宣传展板设计制作实例

本节主要应用 Photoshop CC 2015 的描边、渐变以及自定义形状等工具来设计制作环保宣传展板。

制作思路：本实例是关于节能、减排和低碳的环保宣传展板设计，为了突出主题，标题设计应该足够醒目，素材选择要能体现环保这个主题。另外，还要借助 Photoshop 强大的图形图像处理功能将这些元素编排融合在一起，引发人们对环保的深思。

使用素材：均位于"第6单元素材图片/任务21/环保宣传展板"文件夹中。

21.2.1 设计展板背景

1）新建一个文件，设置名称为"环保宣传展板"，宽度为180 cm，高度为90 cm，分辨率为200 像素/英寸。

2）按〈Ctrl + R〉组合键显示标尺，并在"编辑"菜单的"首选项"里将标尺的单位设为"厘米"。根据构图思路，从垂直标尺处拉出两根参考线，分别显示在54 cm 和126 cm处，如图21-1 所示。

图 21-1　添加参考线

3）在图层面板上单击"创建新组"按钮，将创建的"组1"重命名为"背景"。先单击选中"背景"组，再单击"创建新图层"按钮，即可在"背景"组中创建图层1。

4）单击选中图层1，选择渐变工具，将渐变颜色设为如图21-2 所示。按住〈Shift〉键，采用线性渐变的方式，从上往下拖曳鼠标，得到图21-3 所示的填充效果。

5）执行"文件"→"打开"命令，从素材包中打开"花草.jpg"图片，去除其白色背景后，将其拖放到"环保宣传展板"文件中，并显示在图层2。将图层2中的花草图片适当放大后，拖到文件的右下方，并设置图层2的不透明度为"40%"，得到效果如图21-4 所示。

6）在图层2上方新建图层3，用多边形套索工具在左上方勾画出图21-5 所示的多边形选区，采用图21-6 所示的渐变色和透明度，从上往下线性填充选区，得到图21-7 所示的填充效果。

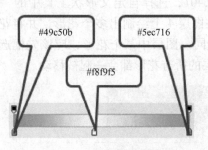

图 21-2　设置渐变颜色

图 21-3　渐变填充效果

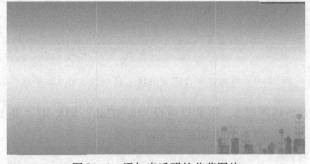

图 21-4　添加半透明的花草图片

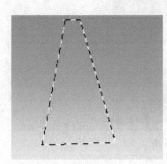

图 21-5　勾画多边形选区

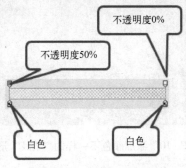

图 21-6　设置透明渐变

图 21-7　透明渐变填充效果

7）采用和步骤 5）相同的方法，在展板上绘制出图 21-8 所示的效果。（注意：这里可以直接绘制各个图形，也可以框选已有图形，按住〈Alt〉键拖曳复制，再对复制的图形进行变形操作。）

图 21-8　添加多个透明渐变的多边形

237

8）在图层 3 上方新建图层 4，将前景色设为#12b401，选择自定义形状工具中的"花1"形状，在属性工具栏上选择"填充像素"模式，在图层 4 上绘制出多个花形，并将花形错落有致地排放成图 21-9 所示的效果。（注意：移动同一图层中某个花形，应该先框选这个花形，再进行移动，否则如果直接移动的话，该图层的所有花形都会一起被移动。）

图 21-9　添加多个自定义形状工具中的"花1"形状

9）在图层 4 上方新建图层 5，将前景色设为#d8f2ab，同样用"花1"形状在图层 5 上绘制几个花的图形，进行点缀，效果如图 21-10 所示。

图 21-10　添加颜色不一样的"花1"形状

10）在图层 5 的上方新建图层 6，按住〈Shift〉键，用矩形选框工具，在图层 6 上绘制一个正方形选区，用#d8f2ab 颜色进行填充。然后按住〈Alt〉键不放，用鼠标水平拖曳选区到与正方形相当宽度时释放鼠标，然后再次按住鼠标拖曳，再次释放。共重复操作 4 次，得到图 21-11 所示的效果。

11）用矩形选框工具框选这 5 个正方形，按住〈Alt〉键不放，用鼠标沿着正方形对角线的方向往右下角拖曳选区，直到复制的正方形与原来正方形不重叠时释放鼠标。再次用鼠标沿着正方形对角线往左下角方向拖曳选区，同样直到复制的正方形与原来正方形不重叠时释放鼠标，即可得到图 21-12 所示的效果。

图 21-11　逐个复制正方形　　　　　　　　图 21-12　同时复制多个正方形

238

12）用矩形选框工具框选第 2 行最右边的正方形，按〈Delete〉键删除后，按〈Ctrl + D〉组合键取消选区，再将这些正方形移到图 21-13 所示的位置。

图 21-13　正方形的摆放位置

13）选择橡皮擦工具，设置橡皮的大小为 800 像素，硬度为 0%，不透明度为 40%，如图 21-14 所示。用该设置的橡皮擦，擦拭图层 6 中的正方形，得到的效果如图 21-15 所示。

图 21-14　设置橡皮擦属性

图 21-15　橡皮擦擦拭后的效果

14）在图层 6 上新建图层 7，将前景色设为#68d12d，选择自定义形状工具中的"回收 2"形状，在属性工具栏上选择"填充像素"模式，在图层 7 上绘制"回收 2"图形。适当调整该图形的大小和位置后，将图层 7 的不透明度设为 30%，得到的效果如图 21-16 所示。

15）在图层 7 上新建图层 8，将前景色设为#68d12d，选择自定义形状工具中的"云彩 1"形状，在属性工具栏上选择"填充像素"模式，在图层 8 上绘制"云彩 1"图形，适当调整该图形的大小后，再用魔棒工具选择它，执行"选择"→"修改"→"收缩"命令，设置收缩量为 60 像素，再执行"选择"→"修改"→"羽化"命令，设置羽化半径为 100 像素，接着按〈Delete〉键清除选区内容，最后按〈Ctrl + D〉组合键取消选区，得到效果如图 21-17 所示。

16）在图层 8 上方新建图层 9，选择圆角矩形工具，在属性工具栏上选择"路径"模式，设置半径为 200 像素，绘制一个图 21-18 所示的路径。打开路径面板，设置画笔如图 21-19 所示。将前景色设为#12b401，单击路径面板上的"用画笔描边路径"按钮，得到描边效果如

图 21-20 所示。

图 21-16　添加"回收 2"自定义形状　　　　图 21-17　"云彩 1"自定义形状的填充效果

图 21-18　绘制圆角矩形路径　　　　图 21-19　设置画笔属性　　　　图 21-20　用画笔描边路径

17）在图层 9 上方新建图层 10，按住〈Shift〉键，用椭圆选框工具绘制一个正圆选区，将前景色设置为#4ac70c，按〈Alt + Delete〉组合键填充选区。适当调整该圆的大小后，将其移到图 21-21 所示的位置。执行"选择"→"变换选区"后，按〈Delete〉键，清除选区内容，再按〈Ctrl + D〉组合键取消选区，得到效果如图 21-22 所示。

18）按〈Ctrl + J〉组合键，复制得到图层 10 副本。选中图层 10 副本，按住〈Ctrl〉键，用鼠标单击图层 10 副本的图层缩览图，再将前景色设为#327f0b，按〈Alt + Delete〉组合键填充选区。接着用鼠标单击工具箱中的移动工具，用键盘上的方向箭头微调其位置，使之与图层 10 相错位，接着按〈Ctrl + D〉组合键取消选区，将图层 10 副本拖放到图层 10 的下方，得到效果如图 21-23 所示。

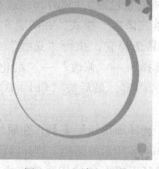

图 21-21　绘制正圆　　　　图 21-22　镂空正圆　　　　图 21-23　复制并修改镂空正圆

19）执行"文件"→"打开"命令，打开素材包中的"鲜花.jpg"图片，将其移到"环保宣传展板"的文件中，显示在图层11。用魔棒工具选中图层11中的鲜花图片白色背景，按〈Delete〉键清除内容。按〈Ctrl + D〉组合键取消选区后，将该图片移到图21-24所示的位置。

20）选中图层11，按两次〈Ctrl + J〉组合键，复制得到图层11副本和图层11副本2，将图层11副本的图片移到图21-25所示的位置，将图层11副本2的图片移到图21-26所示的位置。至此，环保宣传展板的背景已经设计完毕，其整体效果图如图21-27所示。

图21-24　添加"鲜花"图片　　图21-25　添加"鲜花"图片（1）　　图21-26　添加"鲜花"图片（2）

21.2.2　设计展板标题

1）用鼠标单击图层面板中"背景"组前面的三角形图标，将"背景"组收缩，如图21-28所示。

图21-27　环保宣传展板的背景效果图　　　　　　图21-28　收缩背景组

2）用钢笔工具，绘制一条图21-29所示的路径，选择文本工具，在路径的起始位置处用鼠标单击，输入"节能 减排 低碳生活每一天"，设置字体类型为"迷你简雪峰"，大小为200点，颜色为#fa8b08，得到效果如图21-30所示。（注意：这里需要将素材包中的"迷你简雪峰"字体文件复制到控制面板的字体库中。）

图 21-29　绘制路径

图 21-30　添加路径文字

3）在图层面板中，将文本图层重命名为"标题"，如图 21-31 所示。用鼠标双击"标题"图层，在"图层样式"对话框中，勾选"描边"项，设置描边的大小为 60 像素，颜色为白色，其他值默认，得到效果如图 21-32 所示。至此，展板标题设计完成。

图 21-31　添加展板标题后的图层面板

图 21-32　展板标题显示效果

21.2.3　设计展板板块内容

1）选择文本工具，在展板的左边的云彩区域中输入"如何低碳"，设置字体为"华文新魏"，大小为 160 点，颜色为#d90404。用鼠标双击该文本图层，在打开的"图层样式"对话框中勾选"投影""斜面和浮雕"和"描边"选项。设置投影的距离为 50 像素，大小为 70 像素，其他值默认。设置描边的大小为 40 像素，颜色为白色，其他值默认。斜面和浮雕项不用设置，直接采用默认值。经过修饰后的文字效果如图 21-33 所示。

2）选择文本工具，在"如何低碳"下方输入"1. 少吃反季节食品……"文字内容，设置字体为"黑体"，大小为 60 点，颜色为黑色，得到文本效果如图 21-34 所示。（注意：这里采用按〈Enter〉键的方式实现换行，采用按〈Space〉键的方式实现文本缩进。）

3）采用相同的方法，在展板的中间和右边区域，添加文字内容，得到效果分别如图 21-35 和图 21-36 所示。其中图 21-37 中的"节能口诀"采用的是竖排文本工具。

图 21-33　添加展板左边区域的标题

图 21-34　添加展板左边区域的内容文字

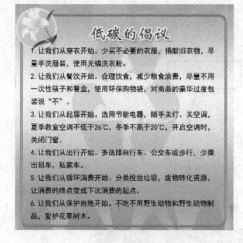

图 21-35　添加展板中间区域的内容

图 21-36　添加展板右边区域的内容

4）执行"文件"→"打开"命令，打开素材包中的"图标 . psd"文件，用移动工具将该图标图片移到"环保宣传展板"文件中，显示在图层 12。按〈Ctrl + T〉组合键，对其适当放大后，将它拖放到右下方的空白处，如图 21-37 所示。按住〈Ctrl〉键，用鼠标单击图层 12 的图层缩览图，选中图标选区，执行"编辑"→"描边"，设置描边宽度为 40 像素，颜色为白色，得到效果如图 21-38 所示。

5）在各个图标下方输入这些环保标志的说明文字，设置这些文字的字体为"黑体"，大小为 70 点，颜色为黑色，如图 21-39 所示。

图 21-37　添加环保图标

图 21-38　图标的描边效果

图 21-39　添加图标说明文字

6）在图21-36 圆形的下方，输入"低碳生活，从我做起"，设置字体为"汉仪秀英体简"，大小为180 点，颜色为黑色。在"活"字后面按〈Enter〉键实现换行，在"从"字前按多次〈Space〉键实现缩进，得到效果如图21-40 所示。（注意：这里需要将素材包中的"汉仪秀英体简"字体文件复制到控制面板的字体库中。）

7）用鼠标右键单击"低碳生活，从我做起"文本图层，选择"栅格化文字"命令。按住〈Ctrl〉键，用鼠标单击该图层的图层缩览图，获得文字选区，选择渐变工具，用图21-41 所示的渐变色，由左上到右下线性渐变填充该文字选区。按〈Ctrl + D〉组合键取消选区后，用鼠标双击该图层，在"图层样式"对话框中勾选"投影"和"描边"选项，设置投影项的距离为63 像素，大小为122 像素，其他值默认，设置描边项的大小为50 像素，颜色为白色，得到效果如图21-42 所示。至此，环保宣传展板各版块的内容设计完毕，得到完整的效果如图21-43 所示。

图21-40　添加文字

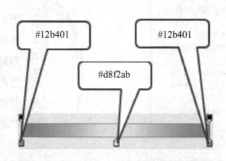

图21-41　设置渐变色

图21-42　文字效果

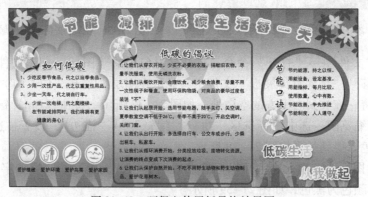

图21-43　环保宣传展板最终效果图

21.3　强化训练——设计制作安全教育展板

应用以上介绍的知识和技能设计制作图21-44 所示的安全教育展板，其中图片素材均位于"第6 单元素材图片/任务21/安全教育展板"中。

操作小提示：

1）设计一个大小为300 mm×160 mm，分辨率为72 像素/英寸，名称为"安全教育展

图 21-44　样本效果图

板"的文件。新建图层 1，采用由#fedc00 到#e32708 的渐变颜色，以径向渐变的方式进行填充，得到图 21-45 所示的效果。

2）新建图层 2，用缩放工具将图像文件缩小，再用椭圆选框工具绘制一个椭圆选区，并对该选区填充白色，如图 21-46 所示。

图 21-45　填充径向渐变的背景

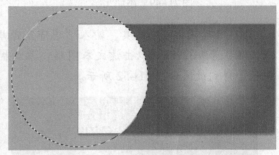

图 21-46　绘制椭圆选区并填充白色

3）按〈Ctrl + J〉组合键复制图层 2 得到图层 2 副本，用魔棒工具选中图层 2 副本中的白色区域，用#f39403 颜色填充该区域。将图层 2 副本移到图层 2 的下方，在键盘上按〈→〉键适当向右平移图层 2 副本，得到图 21-47 所示的效果。

4）输入"遵章是安全的先导"文字，设置字体为"华康雅宋体 W9"，大小为 48 点，颜色为黑色。在图层面板中，用鼠标双击文本图层，为文本添加描边效果，设置描边大小为3 像素，颜色为白色，得到效果如图 21-48 所示。（注意：要将素材包中的"华康雅宋体 W9"字体复制到控制面板的字体库中。）

图 21-47　黄色椭圆显示效果

图 21-48　添加文字

5）采用同样的方法添加"违章是事故的预兆"文字，得到效果如图21-49所示。

6）输入拼音字符，设置字体为"Comic Sans Ms"，大小为18点，得到效果如图21-50所示。

7）打开素材包中的"高速公路"图片，将该图像文件拖放到"安全教育展板"文件中。按〈Ctrl〉键，单击图层2的图层缩览图，执行"选择"→"反向"命令后，选中"高速公路图像所在的图层，按〈Delete〉键，将图像多余区域删除。按〈Ctrl + Delete〉组合键取消选区，再按〈←〉键适当地平移图片，得到图21-51所示的效果。

图21-49　添加文字　　　　　　　　　　　　　　　　图21-50　添加拼音字符

8）选择竖排文本工具，输入"遵守交通规则"文字，设置字体为"黑体"，大小为36点，颜色为#e32708。双击该文本图层，添加描边效果，设置描边的大小为3像素，颜色为白色，得到效果如图21-52所示。

图21-51　添加图片　　　　　　　　　　　　　　　　图21-52　添加竖排文字

9）采用同样的方法，输入"尊重你我生命"文字，至此，完成安全教育展板的全部设计过程，得到最终效果如图21-44所示。

单元小结

1）了解各种平面作品的特点以及设计要素。
2）熟练掌握工具箱中各种工具的用法。
3）熟练掌握渐变、选区、路径、图层的各种操作方法。
4）巧妙应用画笔、自定义形状、滤镜和图层样式来制作特殊效果的图片。

作业

1）综合应用 Photoshop CC 2015 技术，以图 21-53 所示的图片为素材，绘制图 21-54 所示的青春励志宣传画。

图 21-53　素材图片　　　　　　　　　　图 21-54　青春励志宣传画

2）综合应用 Photoshop CC 2015 技术，用"馨兰化妆品"文件夹中的图片和文字素材，绘制图 21-55 所示的馨兰女妆宣传单。

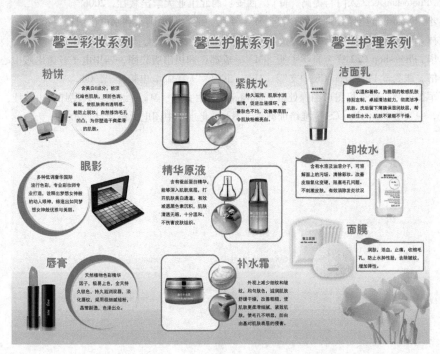

图 21-55　馨兰化妆品宣传单效果图

参 考 文 献

［1］吴建平，周艳霞，等．Photoshop 图形图像处理技术及实训［M］．北京：北京交通大学出版社，2008.

［2］卢正明，赵艳霞，徐天雪．Photoshop 设计与制作实例教程［M］．北京：高等教育出版社，2010.

［3］龙马工作室．Photoshop CS3 从入门到精通［M］．北京：人民邮电出版社，2008.

［4］Teague Jason Cranford，Dietrich Walt．Photoshop CS 全攻略［M］．徐小青，王景中，等译．北京：电子工业出版社，2004.

［5］郝军启，刘志国，赵喜来．Photoshop CS3 图像处理标准教程［M］．北京：清华大学出版社，2008.

［6］周建国．Photoshop CS3 数码人像照片修饰与艺术设计实例精讲［M］．北京：人民邮电出版社，2008.

［7］周建国．Photoshop CS3 图像合成与特效设计实例精讲［M］．北京：人民邮电出版社，2008.

［8］倪洋，张大地，龙怀冰．完全征服 Photoshop 平面设计［M］．北京：人民邮电出版社，2007.

［9］深蓝工作室．创意＋：Photoshop CS3 选择与合成技术精粹［M］．北京：清华大学出版社，2008.

［10］徐威贺．儿童数码艺术照的处理技巧［M］．北京：中国铁道出版社，2006.

［11］杨斌．Photoshop CS3 经典包装设计精解［M］．北京：科学出版社，2008.

［12］赵道强．中文版 Photoshop CS3 课堂实录［M］．北京：清华大学出版社，2008.

［13］雷波．广告艺术设计［M］．北京：清华大学出版社，2004.

［14］九州星火传媒．Photoshop CS2 中文版白金特效经典实例速成［M］．北京：电子工业出版社，2006.

［15］张峰．Photoshop CS2 入门与提高［M］．西安：西北工业大学出版社，2006.

［16］丰洪才．Photoshop 图像处理实例教程［M］．4 版．北京：中国水利水电出版社，2002.

［17］沈大林．Photoshop 7.0 基础与案例教程［M］．北京：高等教育出版社，2004.

［18］罗风华．Photoshop CS2 完全自学手册［M］．成都：四川出版集团，四川电子音像出版中心，2005.

［19］甘登岱．跟我学 Photoshop CS 中文版［M］．北京：人民邮电出版社，2004.

［20］郭万军，李辉．计算机图形图像处理 Photoshop CS 中文版［M］．北京：人民邮电出版社，2006.

［21］雷波．中文版 Photoshop CS 标准培训教程［M］．北京：中国电力出版社，2005.